受益一生的

北大哲学课

徐兵智 谢寒梅◎主编

中华工商联合出版社

图书在版编目（CIP）数据

受益一生的北大哲学课 / 徐兵智, 谢寒梅主编. —北京：中华工商联合出版社，2014.4（2024.1重印）

ISBN 978-7-5158-0873-4

Ⅰ. ①受… Ⅱ. ①徐… ②谢… Ⅲ. ①人生哲学–通俗读物
Ⅳ. ①B821-49

中国版本图书馆 CIP 数据核字（2014）第 047096 号

受益一生的北大哲学课

主　　编：徐兵智　谢寒梅
责任编辑：吕　莺　吴　琼
装帧设计：吴小敏
责任审读：李　征
责任印制：迈致红
出版发行：中华工商联合出版社有限责任公司
印　　刷：河北浩润印刷有限公司
版　　次：2014 年 5 月第 1 版
印　　次：2024 年 1 月第 2 次印刷
开　　本：710mm×1000mm　1/16
字　　数：200 千字
印　　张：16
书　　号：ISBN 978-7-5158-0873-4
定　　价：68.00 元

服务热线：010-58301130
销售热线：010-58302813
地址邮编：北京市西城区西环广场 A 座
　　　　　　19-20 层, 100044
http://www.chgslcbs.cn
E-mail:cicap1202@sina.com（营销中心）
E-mail:gslzbs@sina.com（总编室）

序

北大，在风风雨雨中走过了近百年的沧桑岁月，见证了中国延绵不断的悠久历史。

北大，由新文化运动温养又反哺中国文化，至今依然坚定地屹立在文化阵地的前沿。

北大，可以说是传统文化与沧桑历史的完美结合。日积月累的文化底蕴逐渐塑造了特有的人文魅力。

当同龄人乘着时代的列车前进时，许多北大人已一跃成为时代的领航者，他们的成功在一定程度上源于北大精神！

在全国，多少莘莘学子寒窗苦读只为有朝一日能徜徉于"一塔湖图"之间，聆听学界大师的教诲，但仅有少数佼佼者能有幸踏足未名湖畔。

俗话说："站在前人的肩膀上，我们可以看得更高、更远。"

为了帮助那些在生活中不甘心平庸，渴望成功，对理想有所追求的人也一样能聆听到它们的精彩课程，能走入它们的历史和文化，能从中学到百年名校的成功智慧，我们特此策划编写了这套北大丛书。

1

哲学，源出希腊语philosophia，意即"热爱智慧"，是关于世界观的学说，是自然知识和社会知识的概括和总结。伟大的先哲马克思说过："真正的哲学是时代精神的精华。"而北大的奠基人蔡元培则说："哲学之思想，与科学及哲学相随焉！"

由此可见，哲学是开启真理的一扇门，可我们中的大多数人却无暇去细细品味和领悟——而薪火相传的北大精神成就的一系列经典而深刻的人生哲学课，必然能直抵内心，带给我们一场精神的饕餮盛宴。

北大校长、中国科学院院士、教授、博士生导师周其凤说过："每天来北大蹭课的就有一两千人,我们很欢迎,北大的资源被利用得越充分,北大就越富有。"这充分道出了一个道理,哲学思想的传播从来都不会被时空所限,只要我们渴望成功,渴望活出更好的人生,即使身在北大之外,也可以学到北大的人生哲学。

2

当然,以北大人生哲学包容之广,很难在一本书内道尽。有鉴于此,本书精心选取了一部分有代表性的北大人生哲学言论,并列举了一些北大人的事迹、发人深思的名人故事以及精彩寓言,又以简明的语言对北大人生哲学做了深入浅出的解读。除此之外,为了增加实用性,本书还加入了一些方法性的章节,为如何用北大的人生哲学来指导自己的人生提供了必要的参考。

从北大毕业的百度创始人李彦宏曾经说过："你其实要挑选的是一种生活方式,以及一种价值体现,一种真正可以把自己的岁月、自己的热情、自己的才华与其融为一体的生活方式,一种可以从物质得到升华的价值体现!"

读着这本书,就像亲自聆听北大名家的教诲,他们的哲学观点会慢慢渗进你的思想,他们的人生智慧会给你极大的启发,他们的思考方式会大大拓宽你的视野。

相信这对每一个致力于实现梦想和达成内心幸福的人来说,都是大有裨益的。

3

这是一个从北大先哲的人生经验中发现价值的机会。

这是一次从北大知名学者对世界的认知与理解中获取营养的尝试。

我们相信,领会了北大人生哲学,再加上不懈的努力,你一定能像北大人一样思考,像北大人一样站上自己领域的巅峰,成为时代的精英!

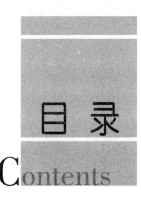

目录
Contents

第一课　生命在于不完美,每个人都是被上帝咬过的苹果　1

浪费时间等待一切完美配合的人,什么事都不会完成。

　　——奥古斯丁(古罗马帝国时期思想家,欧洲中世纪哲学的重要代表人物)

- -

1.完美是"乌托邦式的假想"　2

2.真正智慧的人,都应该把自己定位成"不完美"　4

3.因为有了缺憾,我们才有梦想和希望　6

4.学会欣赏厄运之美　10

5.把"尽力做好"改成"去做",反而会获得更出色的成绩　13

6.将个性中所有的欠缺化作你鲜明的特色　16

7.摆脱完美主义枷锁　21

8.好心态才是美的判断标准和依据　26

9.最美的自己永远是由内而发的　28

第二课　生如夏花之绚烂,死如秋叶之静美　31

人类的生命,并不能以时间长短来衡量,心中充满爱时,刹那即永恒。

　　——尼采(德国著名哲学家,西方现代哲学的开创者)

- -

1.当下,就是生命最好的礼物　　32

2.看淡生死才能更好地享受人生　　34

3.对生活怀有一颗感恩之心　　36

4.谁也不能帮你驱除孤独,你必须学会爱自己　　38

5.生命最重要的课题——在人生的各个阶段调整自己　　41

6.接纳生活就等于接纳自己　　44

7."你变了"没什么可怕——世界上不存在一成不变的人　　47

8.每一个无所事事的日子,都是对生命的辜负　　49

9.生命是这样短促,不能再顾及小事　　52

第三课　人生就是一场权衡与取舍　　55

你的选择可能是对的,也有可能是错的。当然,你面临的问题,你的抉择有可能起着关键作用,也有可能无关紧要。就像一道题,有可能是单选,也有可能是多选。因为人生有太多的可能性,所以就会有太多的选择。

——维特根斯坦(哲学家,数理逻辑学家,语言哲学的奠基人)

1.适当放弃,对不应得的不存非分之想　　56

2.以退为进是人生的要求,以舍求得是人生的智慧　　59

3.战胜患得患失,不怕输才能更好地赢　　62

4.放下仇恨,心宽才能天地宽　　66

5.嫉妒是你人生最大的隐形威胁　　68

6.选择懒惰的人,将永远都逃不掉厄运　　71

7.舍弃过多的想法,培养自己的决断能力　　73

8.要"有所为",更要学会"有所不为"　　76

9.假如你失去了勇敢,你就失去了一切　　78

第四课　节制欲望,别用过长的尺子衡量生活　81

幸福就是欲望的停止。

——叔本华(德国著名哲学家,意志主义的创始人和主要代表之一)

- -

1.欲望越高,幸福越显疲惫　82

2.知足之人,永远都是富有的　84

3.为人处世,贵在适可而止　86

4.不要让攀比毁掉你的幸福　89

5.自私的人往往是不幸的　91

6.量入为出,合理消费,不做"月光族"　94

7.君子爱财,取之有道　97

8.节俭做储备,遇事才不慌　99

第五课　淡泊以明志,宁静以致远　103

夫莫争,则天下莫能与之争。

——老子(我国古代伟大的哲学家和思想家)

- -

1.荣辱不惊是生命的一道精神防线　104

2.不要沉迷于权势的幻影中　106

3.凡事有利也有弊　108

4.社会上本没有绝对的公平,直面现实是一种勇气　110

5.不被名利束缚的人才能窥见生活的真谛　113

6.你永远不可能收获令自己满意的评价　116

7.对于别人的议论,"充耳不闻"有时是一种智慧　119

8.自知之明比才华更重要　121

9.沉默是对是非的最有力回击　124

第六课 在逆境中抱怨,等于抛弃幸运 **127**

如果我们过于爽快地承认失败,就可能使自己发觉不了我们非常接近于正确。 ——卡尔·波普尔(当代西方最有影响的哲学家之一)

- -

1.请在倒霉时这样想:永远都有人比我更倒霉　128

2.天行健,君子以自强不息　130

3.每个成功人士的起点都与我们一样　133

4.即使不是"贵族"的身,也要有颗高贵的心　136

5.人生没有永恒的劣势,绝不要随意贬低自己　138

6.请为自己的梦想负责　141

7.善待生活中的美和情趣　144

8.热爱生命,才能实现美好的愿望　146

9.要想让自己好运连连,就必须自己策划运气　149

第七课 沉住气,才能成大器 **152**

放纵自己的欲望是最大的祸害;谈论别人的隐私是最大的罪恶;不知自己过失是最大的病痛。 ——亚里士多德(古希腊哲学家)

- -

1.恃才傲物的人必然会四处碰壁　153

2.争来的"面子"是假的,养来的"心气"才是真的　155

3.即使自身具备再优越的条件,一次也只能脚踏实地迈一步　158

4.施展个人才华时,要根据情况适当保留一些　160

5.给人留余地,也就是给自己留后路　163

6.小聪明不是真正的聪明　166

7.给你劝告的人,往往值得你信任　169

8.怒气可以控制　172

9.不要有一夜暴富的幻想　175

第八课　正确的价值观是一切的基础　　177

使一切非理性的东西服从于自己，自由地按照自己固有的规律去驾驭,这就是人的最终目的。

——费希特(德国哲学家)

1.有什么样的价值观,就会有什么样的人生　　178

2.大胸怀的人有双赢观　　181

3.以热爱的态度面对工作　　184

4.善用口才,更要慎用口才　　186

5.世界上没有一种事比读书更让人受益　　190

6.君子慎独,不做违背内心的事　　192

7.求同存异,不强他人之难　　194

8.不必羡慕拥有巨额财富的人　　195

第九课　换个角度看世界,跳出世界看自己　　198

凡是现实(存在)的就是合理的,凡是合理(存在)的就是现实的。

——黑格尔(德国政治哲学家)

1.得与失是相辅相成的　　199

2.压力是必不可少的清醒剂　　202

3.最智慧的做人之道是"助人亦助己"　　205

4.不要舍本逐末——努力工作是为了更好地生活　　207

5.另辟蹊径,路的旁边也是路　　209

6.旅行会让你更明白自己,也更明白这个世界　　211

7.被嫉妒说明你优秀　　213

8.是你想要的太多,而不是拥有的不够　　216

9.小细节反映大修养　　218

第十课　幸福的哲学——境由心造,幸福很简单　222

我手中的灯笼,使眼前黑暗的路途与我为敌。

——泰戈尔(印度诗人,哲学家)

- -

1.快乐由自己选择　223

2.懂得分享,让幸福加倍　224

3.精神愉悦是最好的养生之道　227

4.青春不可透支,健康不可挥霍　229

5.痛苦也是天使,带给我们非凡的美丽　232

6.为对手叫好,得到的会更多　234

7.对吃亏心存感激　236

8."糊涂"的人生有潇洒的幸福　239

9.该你得到的欢笑和幸福,上天绝不会给你打折　241

第一课

生命在于不完美，
每个人都是被上帝咬过的苹果

浪费时间等待一切完美配合的人,什么事都不会完成。

　　——奥古斯丁(古罗马帝国时期思想家,欧洲中世纪哲学的重
要代表人物)

1.完美是"乌托邦式的假想"

北大箴言：

完美固然能在某种程度上代表一种圆满，但一个过于追求完美的完美主义者，会发现完美并不存在。

完美，这样一个乌托邦式的假想，却是促进古往今来许多人不断进步的源动力。正因为有它存在于我们的心中，我们纷乱的社会才变得更加有序，我们才能被文明的铁臂推送向前。

完美主义的最大特点就是追求完美，而这种欲望建立在认为事事都不满意、不完美的基础之上，因而，完美主义者势必会陷入深深的矛盾之中。

要知道，世上本就没有十全十美的东西，但完美主义者却具有一股与生俱来的冲动，他们将这股精力投注到那些与他们生活息息相关的事情上面，努力去改善它们，尽量使其完美，并对此乐此不疲。可在工作过程中，不完美此起彼伏，他们根本顾及不了那么多，最后，追求完美的冲动只会让他们感到挫败。

由于完美主义者"对不完美的事物不能置之不理"的习惯，所以他们往往会轻率地订下计划，并且义无反顾地去执行。但是，隔不了多久，或者当他们的计划就要完成时，他们又会产生疲倦和事不关己的感觉，这种感觉周而复始，使他们整天生活在挫折、失败、碌碌无为和忿怒的心情之中而无法自拔。

完美主义者的求好心态使他们对所制订的计划、所做的事情都有早日完成的愿望，而这种愿望在现实的严酷中往往不能如期兑现，这又会使完美主义者发怒和激动。他们害怕旁人因这种怒形于色的表情而讨厌他们，于是极力压制这种感情，改变这种感情，愤怒就会郁集在他们心中。他们不愿抱怨他人，于是就转而怨恨自己任人不贤或者择友不善，使自己陷入深深的自卑和沮丧之中。有时，他们也察觉到自己订的标准过高，但他们却不愿意修正。

完美主义者心中有一个不灭的目标——追求完美。这个意念萦绕在他们的心头，促使他们一生都朝此目标奋斗不息。他们追求确定、精确的"完美"，并且非常仔细地注意每一事物的细微之处，有时甚至达到了吹毛求疵的地步。受这种态度的影响，他们在处世时常常显得十分严谨。他们自认为自己与别人有十分的不同——他们认为自己的生活至少大致看来是完美的，自己的人格也是无可非议的。因此，完美主义者对其他人对自己的评语（尤其是无能的评语）十分敏感。

完美主义者对什么都看不顺眼，他们觉得有必要让人知道什么是最好的，因而在行为上每每伴有好为人师的倾向。完美主义者认为追求完美应该是一个人的起码人格，于是他们就会不厌其烦地教导别人该如何行事，而这些婆婆妈妈的说教只会让他们在别人心目中的地位降低，让别人感到厌烦和无法忍受。

固执的性格影响了他们的视野。完美主义者看问题通常只有好坏两面，因此有走极端的倾向。一旦他们认定了一个事实或者是下定了决心，他们就会对其他相反的意见变得相当神经质。对待别人意见的态度源于他们内心深处那股叛逆的蠢动，以及对自己本性不大驯服的恐惧。他们希望自己正直、善良、诚实，然而固执的本性却拉着他们率性地去做自己想做的事。当他们受挫、受批驳时，他们会怀恨在心，虽然表面上看来仍是一团和气，毫无记恨的迹象。

由于追求完美的天性，完美主义者对自己相当挑剔，对别人也非常苛刻。在谈话中或会议上，发问最多的肯定是他们，因为他们对别人和自己总是有太多的质疑。在别人眼中，他们是争强好胜的，也是不可理解的。吹毛求疵的心态使他们在评价自己或他人的时候总是不能始终如一。在他们看来，任何人离他们的"最完美标准"都相去甚远。

由于标准过高，在其他人眼中，完美主义者的行为有些过于夸张和没有必要，他们也因此失去了周围人的认同。而别人的无法忍受或不以为然又使他们经常感到困窘不安，有些计划和工作在没有开始之前就搁浅了，最后不可避免地走上拖延之路。

事实上，完美主义不仅不利于人的心理健康，还会导致自我挫败，工作效率、人际关系、自尊心都会受到损害。

一位考试一直得第一的优秀学生在一次考试中得了第二，他为此而懊悔不已，认为这是一次彻底的失败，于是成天忧虑，觉得自己以后会越来越不如别人，整天精神恍惚，夜里失眠，以至于茶饭不思，身体也每况愈下。这都是由于他过分地苛求自己，对成绩的要求过于完美造成的。

在人际关系中，许多完美主义者感到孤独，因为他们害怕自己的意见不被采纳，使自己的完美形象受到影响。他们为自己的言行辩解，对待别人却指指点点、评头论足。这样常常会伤害到别人，影响同事、朋友之间的关系，导致陷入他们本就最担心的孤独境地。

北大哲学系的讲师认为，因为"完美"在事实上不可得，但完美主义者们却顽固地要求完美，于是，只能以内部平衡的方式营造某种完美的假象。因此，完美主义者通常没有适时放弃的智慧。但是，当他们再也无法在现实的冲击中维持那自欺欺人的完美假象时，将无可避免地滑入另一个认知极端，全盘否定一切。

2.真正智慧的人，都应该把自己定位成"不完美"

北大箴言：

我们不能要求生活完美，因为生活本身就难免有些风浪，而风浪正是我们出航的助力。如果生活在一帆风顺的环境中，我们不会增长自己的才干，同时也很难体验到生活的乐趣。

正如硬币有正反两面，人也会有优点、缺点，没有谁能够成为真正完美的人，因此，不要用短暂的光阴去盲目地追求完美。要想实现完美，就好比大海捞针，结果只能徒劳无功。

人无完人，每个人都会有一些缺陷：外貌上的，性格上的，经历上的……当一个人懂得承认自己的不完美时，他才真正地成熟起来。

有一个男人，单身了半辈子，突然在43岁那年结了婚。新娘跟他的年纪差不多，但她以前是个歌星，曾经结过两次婚，都离了，现在也不红了。在朋友看来，觉得他挺亏，这不是一个好选择，因为新娘身上的瑕疵太多了。

有一天，他跟朋友出去，一边开车一边笑道："我这个人，年轻的时候就盼望着能开宝马车，可是没钱，买不起。现在呀，买辆三手车。"

他开的的确是辆老宝马车，朋友左右看看说："三手？看起来很好啊，马力也足。"

"是的呀！"他大笑了起来，"旧车有什么不好？就好像我太太，前面嫁个广州人，又嫁个上海人，还在演艺圈工作了20年，大大小小的场面见多了。现在老了，收了心，没有了以前的娇气、浮华气，却做得一手好菜，又懂得布置家居。说老实话，现在正是她最完美的时候，反而被我遇上了，我真是幸运呀！"

"你说得挺有道理的！"朋友陷入沉思。

他拍着方向盘，继续说："其实想想我自己，我又完美吗？我还不是千疮百孔，有过许多往事、许多荒唐？正因为我们都走过了这些，所以两人都变得成熟了，都懂得忍让，都彼此珍惜，这种不完美，正是一种完美啊！"

正因为这位男士能够承认自己的不完美，他才会不苛求爱人的完美，两个有"瑕疵"的人才能凑到一起，组成一个幸福的家庭。从某种意义上看，人就是生活在对与错、善与恶、完美与缺陷共存的现实中，我们既然能从自己非常优秀与完美的现实中受益，为什么就不能从自己的缺陷中受益呢？

缺陷或大或小、或多或少，人人都有。然而，面对缺陷，大多数人的反应都是去掩饰。袒露缺陷是需要勇气的,要战胜自己的懦弱,战胜自己的虚荣,还要战胜世俗的偏见。所有这些,如果没有超人的勇气,是做不到的。

台湾著名画家刘墉在教国画的时候,经常发现有些学生极力掩饰自己作品上的缺点,有时画得差,干脆就不拿出来了。遇到这种情况,刘墉会对他们说:"初学画总免不了缺点,否则你们也就不必学了!这就好比去找医生看病,是因为身体有不适的地方,看医生时每个病人总是尽量把自己的症状说出来,以便医生诊断;学画交作业给老师,则是希望老师发现错误,加以指正,你们又何必极力掩饰自己的缺点呢?"

我们应该明白,有缺陷并不是一件坏事,那些自认为自身条件已经足够好,以至于无可挑剔、不必改变现状的人往往缺乏进取心,缺少超越自我、追求成功的意志。相反,承认自己的缺陷,正确认识自己的长处与短处,却可以使自己处在一种清醒的状态,遇事也容易做出最理智的判断。

北大哲学讲师深刻提醒,在人世间,人是注定要与"缺陷"相伴,而与"完美"相去甚远的。"所以,不完美也是一种完美,把自己定位为一个不完美的人是一种豁达、成熟,更是一种智慧!"

3.因为有了缺憾,我们才有梦想和希望

北大箴言:

> 路遥曾经说过,所有的历史长河中都有一个小小的段落,因此,每一代人都有自己命中注定的缺憾。只要我们真诚而充满激情地在这个世界上生活过,并不计代价地将自己的血汗献给不死的人类之树,我们的人生就会有意义。

人生也有许多不完美之处,每个人都会有各式各样的缺憾。但人生的缺憾有其独特的意义,正因为有了缺憾,我们才有梦,才有希望。没有缺憾,我们便无法去衡量完美。我们不能杜绝缺憾,但我们可以升华和超越缺憾,缺憾可以成为我们追求成功的动力。

有这样一个故事,说的是孙老汉家有五个儿子,一个忠厚但比较呆板,一个调皮但比较精明,另外三个是一瞎、一驼、一跛。按说,这样的家庭,一定难以生存。但孙老汉知人善用,让老实的务农,调皮的经商,失明的按摩,驼背的搓绳,跛脚的纺线,使全家人得以各尽其才,安居乐业,衣食无忧。

缺憾是幸福人得不到的幸福,是痛苦人不想得到的痛苦。缺憾将我们的人生画卷拼凑完整,生活也因此而丰富多彩。

其实,美的真正价值并不在于它的完整,而在于那一点点残缺。就如同缺失双臂的维纳斯,它能给人以无限的遐想,它的美丽就在这样一种缺憾和遐想中达到了极致。

有一个故事,讲的是有个圆被切去了很大一块,它想让自己恢复完整,没有任何残缺,于是四处寻觅失落的部分。因为它残缺不全,只能慢慢滚动,所以能在路上欣赏鲜花,能和毛毛虫聊天,享受阳光。一路上,它找到了各种不同的碎片,但都不合适,所以只能把它们留在路边,继续往前寻找。

有一天,这残缺的圆找到了一块非常合适的碎片,开心得很,赶忙把它拼上,开始滚动。现在的它是一个完整的圆,能滚得很快。在快速的滚动下,它看到的世界与之前完全不同。为了欣赏沿途的美景,它停止了滚动,把补上的碎片丢在了路边,又变成了原来那个残缺的圆。

没有缺憾就没有悲壮,没有悲壮就没有崇高。雪峰是伟大的,因为那里常

7

埋着登山者的遗体;峡谷是伟大的,因为有探险者的墓志铭;大海是伟大的,因为漂浮着樯橹的残骸;人生是伟大的,因为有无可奈何的缺憾。品味缺憾,犹如品味一串火红的辣椒,在你被辣得涕泪横飞的同时,也享受到了一份特有的满足。

贝多芬,这样一个音乐天才,却在正值创作高峰时双耳失聪。这对一个以音乐为生的人来说是多么大的打击。当时的人们也纷纷表示惋惜,难道这少有的天赋就要这样湮灭在芸芸众生之中吗? 不。面对这巨大的缺憾,贝多芬的创作灵感源源不断,雄浑与悲壮的《第九交响曲》响彻了几个世纪,绵绵不息。若他的音乐道路一帆风顺,还会有缺憾过后的成就吗?

不完美是生活的一部分,拥有缺憾是人生另一种意义上的丰富和充实。只有放弃完美,才能树立起自信自爱的意识,才能真正地认识和确立自己的价值、选择和追求。

"饥饿没有什么可怕的,爸爸。"一个耳聋的男孩苦苦地央求父亲将他从救济院抱出去,让他去获得接受教育的机会,"我们会生活在一个物质充足的社会中,并且,我知道怎么样来阻止饥饿,感到饿得难受时,我们就用一根带子把自己的肚子勒紧,不是吗? 再说,灌木丛长满黑梅和坚果,而原野上到处都可以找到萝卜,它们都可用来充饥;一个干草垛就是一张很好的床……"

这个可怜的耳聋男孩就是基托,他后来成了有史以来最优秀的圣经学者之一。他没有因出身的卑微、先天的缺憾而悲伤沉沦,最终通过自己的努力而名扬世界。

如果说人生是一本书,缺憾就是一串串省略号,空白之处,蕴含着深刻的哲理;如果说人生是一幕音乐剧,缺撼就是一个个休止符,无声之中酝酿着新的活力,这一瞬间的寂静,凝聚起下一个乐章的序幕。

　　柠檬又苦又酸，一点也不讨人喜欢，根本无法下咽。可是如果把它榨成汁，加上水，加上糖，倒进蜂蜜，就会变成人人爱喝、生津止渴的柠檬汁。所以，如果上天给了我们一个酸苦的柠檬，我们就要想办法把它榨成好喝的柠檬汁。

　　一位住在弗吉尼亚州的农场主买下了一块不被任何人看好的地，因为这块地实在是太差了，既不能种水果，也不能养猪，只有白杨树和响尾蛇。别人都以为这块地一文不值，但是这位农场主想了个点子，把缺憾变成了资产。

　　他的做法让人很吃惊——他做起了响尾蛇的生意。他把从响尾蛇口里取出来的毒液送到各大药厂制造蛇毒血清；把响尾蛇肉做的罐头销售到世界各地；把响尾蛇皮以很高的价钱卖出去，用来做女人的皮鞋和皮包。总之，他的农场既没有种水果，也没有养猪，只是饲养响尾蛇，而他的生意却越做越大，每年来这里参观响尾蛇农场的游客就有好几万人。

　　为了纪念这位先生把"酸苦的柠檬"做成了"甜美的柠檬汁"，他所在的村子已改名为弗州响尾蛇村。

　　不要期望上天赐给我们现成的、美味的柠檬汁，事实上，上天总喜欢用缺憾刁难我们，这让我们憎恨却又无可奈何。如果你拿到了又苦又酸甚至有毒的"柠檬"，不要抱怨，自己想办法把它剖开、切片、榨汁，细细地加工处理，然后静静坐下来，好好享受历经千辛万苦才得到的宝贵柠檬汁。也正因为有了这个过程，你手里的柠檬汁才愈显珍贵，愈加香甜。这时，你会感谢上天给你这个柠檬。

　　人生不可能总是圆满，正视缺憾，或许能将我们带入另一片风景。做人最大的乐趣在于通过努力奋斗去获取自己想要的东西，有缺憾意味着我们可以进一步完美。

　　北大哲学教授说："从现在开始，肯定每一次挫折与失败，肯定每一次成功与喜悦，勇敢地活在当下，永不言悔，你必将走出一条全新的人生道路，一条充满阳光与风景、遍布写意与轻松、通向成功彼岸的阳光大道。"

是的,既然缺憾无法避免,我们就应该以豁达的心胸包容它,用自己的智慧驾驭它,将缺憾带给我们的痛楚化作舒筋活血的良药,用缺憾的丝带编织出庄严夺目的彩虹,彰显我们作为万物之灵的理智与笑对坎坷的从容。

4.学会欣赏厄运之美

北大箴言:

> 歌德夫人曾经说过:"我之所以高兴,是因为我心中的明灯没有熄灭。道路虽然艰难,但我却不停地求索我生命中细小的快乐。如果门太矮,我会弯下腰;如果我可以挪开前进道路上的绊脚石,我就会动手挪开;如果石头太重,我可以换一条路走。我在每天的生活中都可以找到高兴的事情。"

人生的际遇也许像朝阳一样可喜,像绵羊一样可亲,但也有可能像恶魔一样恐怖——一下子时运不济,处处遭遇打击,被人误解侮辱、压榨欺凌。

一位疲惫的诗人去旅行,出发没多久,他就听到路边传来一阵悠扬的歌声。那是一个快乐男人的声音。

他的歌声实在太快乐了,像秋日的晴空一样明朗,如夏日的泉水一样甘甜,任何人听到这样的歌声,都会马上被感染。

诗人驻足聆听。歌声停了下来,一个男人走了出来,他的笑声甚至比他本人出来得更早。

诗人从来没有见过一个人能笑得如此灿烂。在他看来,只有从来没有经历过艰难困苦的人,才能笑得那样灿烂、那样纯洁。

诗人上前问候:"您好,先生,从您的笑容就可以看得出来,您是个与生俱来的乐天派,您的生命一尘不染,您既没有尝过风霜的侵袭,更没有受过失败的打击,烦恼和忧愁也没有叩过您的家门……"

男人摇摇头:"不,您错了,其实就在今天早晨,我还丢了一匹马呢,那是我唯一的马。"

"最心爱的马都丢了,您还能唱得出来?"

"我当然要唱了,我已经失去了一匹好马,如果再失去一份好心情,岂不是要蒙受双重的损失吗?"

生命不仅仅是一种结果,更是一个过程。过程中难免要有一些黯淡的色彩,也许会给生命带来缺憾。但学会欣赏厄运之美,能使我们在沉迷时变得清醒,软弱时变得坚强,颓废时变得积极,愁苦时变得欢乐,对任何事都可以拿得起、放得下、甩得开。

有一位很有名气的心理学家,一天给学生上课时拿出一只十分精美的咖啡杯。当学生们正在赞美这只杯子的独特造型时,他故意装作失手,将杯子掉在地上,摔了个粉碎,学生们不断地发出惋惜之词。这位心理学家指着咖啡杯的碎片说:"你们一定为这只杯子感到惋惜,可是这种惋惜无法使咖啡杯再恢复原形。今后当你们的生活中发生无可挽回的事时,请想想这只破碎的咖啡杯。"

不幸发生时,我们所能做的就是接受这不可改变的现实。即使再不情愿,也要及时收住自己的脚步,寻找新的方向。

汶川地震发生后,位于成都的四川大学华西医院成了众多震灾重伤员临时的家。

躺在床上的何纯涛保持着单纯的笑容,她的笑,没有丝毫做作和心机,纯粹得如同她的名字。这么明亮简单的女孩，应该正享受着青春的欢娱，但不幸的灾难却夺走了她的双腿。

"感觉好些了，只是换药时有点痛，明天就要进行第二次手术了。"脸上依然是甜甜的笑容，似乎被截去双腿并不是什么大不了的事。

22岁的何纯涛从泸州化工职业技术学院毕业，在什邡一家公司从事工业分析与检验。5月12日下午，何纯涛准备去上班，刚走出宿舍门，地震就发生了，一根横梁带着垮塌的建筑狠狠地砸在她的双腿上，压得她无法动弹。幸运的是，楼梯间罩在她的头上，正好形成一个小空间，让她可以呼吸。直到14日下午，何纯涛才获救，但她的双腿被重压了两天，肌肉坏死，四川大学华西医院只得无奈地对其进行了截肢手术。

"比起其他不幸的人，我已经算是幸运的了。我有3个好朋友，大家天天一起玩一起吃，有一个今年1月份刚结婚，但她们都不在了。毕竟我还活着，还有未来。"何纯涛说。

"现在，站起来是我最大的愿望，我有信心面对生活。医生跟我说，我可以装假肢，等生活可以自理了，我还想继续做自己的专业。而且，我还想结婚呢！"

北大人呼唤："不要逃避不幸的感觉，也不要逃避现实的生活。当不幸来临时，去感受它；当不幸漂流时，不要再抓紧它，让它成为真正的过去，这样才能快乐地生活！"

生活中的种种不幸和磨难是无法避免的，但是，当我们不得不面对残酷的命运时，只要心里充满阳光，所有流汗淌泪的日子也会灿烂如花，种种苦涩都会化为唇边云淡风轻的一抹微笑。

5.把"尽力做好"改成"去做"，反而会获得更出色的成绩

北大箴言：

你要牢记，追求完美心理的背后隐藏着恐惧。而敢于面对恐惧和保留犯错误权利的人，往往能生活得更快乐和更有成就。

北大心理学系曾经做过一项调查，作为研究工作效果和情绪健康的一个环节。他们向150名每年收入1万至15万元不等的推销员提出一系列问题，结果发现，他们之中约有40%属于追求完美的人。可以预料的是，这40%的人所受的压力，比其他不追求完美的人要大得多。但他们的成就是否更大呢？

答案却是否定的。这些追求完美的人在生活中显然经常感到焦虑和沮丧，可是没有任何证据显示他们的收入较其他人更高。

希望取得成功的原因，来自我们文化传统中最具有自我挑战性的4个字："尽力做好！"这也是渴望取得成功的心理根源所在。

"不管你做什么事，尽力做好。"可是，骑自行车郊游，或到公园去散散步，又有什么不对呢？在你生活中，为什么不能仅仅去做一些事情，而并不"尽力做好"呢？

然而"尽力做好"也有心理误区，比如有时会使你既不能尝试新的活动，也无法欣赏目前的活动。

卢安是一名就读于北大的女学生，满心都是想要成功的信念。自踏进校门以来，她就一直是个标准的全优生。她每天花大量的时间拼命读书、做作业，因而没有时间过自己的生活。她简直就是一架储存书本知识的计算机。也许是因为很少与人交流，卢安非常羞于和男孩子接触，长到这么大还从未同男孩子拉过手，更别说约会了。

尽管她是个出类拔萃的优等生，但她却缺乏内心的安宁，过得非常不幸福。在询诊之后，她开始重视自己的情感，用学习课程的顽强精神来学习新的思维方法。

一年之后，卢安的妈妈说她女儿在英语考试中得了有生以来的头一个60分，她非常担心。但心理医生告诉她，这是件大好事，这正说明她女儿在其他方面开始有所用心，说明她在全面发展，当妈妈的应该带她到饭馆里好好庆贺一番。

实际上，追求完美的人由于经常遭遇到挫折和压力，这反而会降低他们的创作能力和工作效果。

不重视素质的人很难获得真正的成就，但"追求完美的人"却总是强迫自己勉力达到不可能的目标，并且完全用成就来衡量自己的价值。结果，他们变得极度害怕失败。他们感到自己不断受到鞭策，同时又对自己的成就不满意。事实证明，强逼自己追求完美不但有碍健康，还会引起沮丧、焦虑、紧张等情绪不安的症状，而且在工作效果、人际关系、自尊心等方面，亦会自招失败。

为什么追求完美的人特别容易情绪不安？为什么他们的工作效果会受到损害？其中一个原因就是，他们以一种不正确和不合逻辑的态度看人生。

追求完美的人最普遍的错误想法，就是认为不完美毫无价值。譬如说，一个每科成绩都取得甲等的学生，如果在一次考试中有一科拿了乙等成绩，他就会大感沮丧，认为这是一场失败。这类想法导致追求完美的人害怕犯错，而且一旦犯错，就会作出过分的反应。

他们的另一个误解是相信错误会一再重复，认为"我永远都不能把这件事做对"。追求完美的人不会自问能从错误中学到什么，而只是自怨自艾，说"我真不该犯这样的错，我绝不能再犯了"！这种自责的态度会使他产生受挫和内疚的感觉，反而会使他们重复犯同样的错误。

为了帮助追求完美的人戒除这个心理习惯，在北大哲学课上，教授首先请他们列出追求完美的好处和弊端。

一名法律系学生只举了一个好处："这样做有时会得到优秀成绩。"

接着，她列出6个弊端："第一，它令我神经非常紧张，以致有时连普通成绩也拿不到；第二，我不愿冒险犯错，而那些错误却是创作过程中必然会发生的；第三，我不敢尝试新的东西；第四，我对自己诸多苛求，令生活失去了乐趣；第五，由于总是发现有些东西未臻完美，因此我根本不能松弛下来；第六，我变得不能容忍别人，结果别人认为我是个吹毛求疵者。"

根据这个利弊分析，她终于意识到，放弃追求完美，生活可能会更有意义和更有成就。

是的，事事追求完善，想要拼命做好，会使自己陷入"瘫痪"。不要让完美主义妨碍你参加愉快的活动，你不能只做一个旁观者。所以，从现在起，你可以试着将"尽力做好"改成"去做"。

北大哲学教授指出："完美主义意味着惰性。如果你为自己制订了尽善尽美的标准，你便不会去尝试任何事情，也不会有多大作为，因为尽善尽美这一概念并不适用于人，它也许只适用于上帝。因而，你作为一个人，不必以这个标准来衡量自己的行为。"

你如果有孩子，不应要求他事事都要努力做好，因为这种要求会使孩子产生"精神瘫痪"的怨恨情绪。"去做"，比"尽力做好"更为重要。例如，应该教孩子打排球，而不是让他们站在一旁说"我不行"。只要孩子喜欢，就应鼓励他们去滑雪、唱歌、画画、跳舞等，而不应仅仅因为他们可能做不好某件事就不让他们去做。不要一味地想着教孩子们去竞争、去努力甚至去尽力做好，在孩子们重视的方面培养他们的自尊、自豪和兴趣更重要。

如果你将自己的价值与成败等同起来，必然会感到自己毫无价值。

想一想托马斯·爱迪生，如果他以某项工作的成败来衡量他的自我价值，那么他在第一次试验失败之后就会认输，宣布自己是个失败的探索者，并停止用电灯照亮世界的努力。失败是成功之母，它可以激励人们去努力，去探

15

索。如果失败指出了成功的方向，人们甚至可将其视为成功。假如你的目标切合实际，你的心情通常会较为轻松，行事也较有信心，自然而然便会感到更有创作力和更有工作成效。

你也可能用反躬自问的方式来抗拒追求完美的思想，例如："我从错误中可以学到什么？"你可以做个实验，想想你犯过的一项错误，然后把从中得到的教训详细列出来。千万别放弃犯错的权利，否则你会失去学习新事物以及在人生道路上前进的能力。

正如一位作家说的那样："我最近修改了一些名言，其中之一便是将'一事成功，事事顺利'改为'一事成功，事事可做'，因为我们只有从做事中学到任何东西。成功和失败都能给我们教益。"

北大哲人提醒："我们不是鼓吹放弃努力奋斗，不过，事实上你也许会发现，在你不是追求出类拔萃成就而只是希望有确实良好的表现时，反而可能会获得最佳的成绩。"

6.将个性中所有的欠缺化作你鲜明的特色

北大箴言：

世上的每件事都存在着两面性，所以有时看似完美的事，未必就代表着圆满；而反过来，想起来有所缺憾的事，有时可能从另一方面带给人意想不到的惊喜以及收获。用西方人的话说就是："当上帝对你关上一扇门的时候，定会为你开一扇窗。"

人生无法避免缺憾，问题只在于不同的人用不同的心态去面对时，结果也将完全不同。世上的事常常不止有一种答案，对于很多事的判断都不能简单地归结为这个好、那个不好。在我们日常的生活和工作中，由于长期以来所受的教导和固有的观念，遇见各种情况总是以别人为参照物，首先检查自己有什么地方没有做好，分析自己的缺点和瑕疵，然后信誓旦旦下定决心，下次一定改正，做得和别人一样。

但问题也随之而来，当我们做得和别人一样时，是不是就代表我们做得最好呢？是不是一定适合自己呢？

国王有7个女儿，这7位美丽的公主是国王的骄傲，她们那一头乌黑亮丽的长发远近皆知，为了让宝贝女儿变得更美，国王送给她们每人100个漂亮的发夹。

有一天早上，大公主醒来，一如往常地用发夹整理她的秀发，却发现少了一个，于是她偷偷地到二公主的房里拿走了一个发夹。

二公主发现少了一个发夹，便到三公主房里拿了一个；三公主发现少了一个发夹，也偷偷地拿走了四公主的发夹；四公主如法炮制，拿走了五公主的发夹；五公主一样拿走了六公主的发夹；六公主只好拿走七公主的发夹。七公主不敢拿姐姐们的发夹，于是，她的发夹只剩下99个。

隔天，邻国英俊的王子忽然来到皇宫，他对国王说："昨天我养的百灵鸟叼回了一个发夹，我想这一定是属于公主们的，这真是一种奇妙的缘分，不晓得是哪位公主丢了发夹？"

公主们听到这件事，都在心里说："是我丢的，是我丢的。"

可是她们头上明明完整地别着100个发夹，所以都有口难言，懊恼得很。只有七公主走出来说："我丢了一个发夹。"

话才说完，七公主一头漂亮的长发因为少了一个发夹，全部披散了下来，王子不由得看呆了。故事的结局，当然是王子与七公主一起过着幸福快乐的日子。

如果说前6位公主的100个发夹代表了圆满、完美的人生，那么七公主少了一个，她的人生也就等于有了缺憾，但得到幸福的却恰恰是她。忽略缺憾，或者干脆将所有的欠缺化作特色，活出自己的棱角和个性，演绎出自己的那份精彩，让未来产生无限的可能性、无限的意外、无限的新鲜未知，未尝不是一件值得开心的事。当你拥有了这样的心态，其实也就等于拥有了处世的精炼豁达及宠辱不惊。

无须抱怨上天没有把我们塑造得完美无缺、无懈可击，因为完美并不意味着"一切都好"，而缺憾也不意味着不能获得成功，凡事没有绝对。

就像经典电影《阿甘正传》的男主角一样，他确有不如人的地方，但他因缺憾所产生的独特性也是非常珍贵的，并且，抛去缺憾不提，在他所擅长的领域，他甚至做得比一般人更加出色。

掌握局势，突破局限性，才能形成新的优势。在把劣势转化为优势的过程中，需要智慧，不能盲目地变，更重要的是，你要对你所在的环境以及背景非常熟悉，做到眼观六路、耳听八方，综合各种因素条件。只有对全局有通透、全面的了解，你才能知道什么是目前社会所缺乏的稀有资源，也就是什么是优势，才能把握好时间和空间等各种客观要素，最大限度地把劣势变成优势。

当施瓦辛格成为一名职业演员的时候，他有一个弱点：浓重的奥地利口音。这本来是一个弱点，但是当奥地利口音和他扮演的动作英雄的魅力混合在一起出现在屏幕上的时候，他的弱点就变成了优点。口音成为他所塑造人物的一个特征，人们也纷纷仿效。

美国电视台的一个节目中曾有一个杰出的踢踏舞舞者，他被称为"木腿贝茨"。贝茨在早年失去了一条腿，这样的缺陷会令大部分人放弃成为职业舞者的梦想。但是对于贝茨来说，失去一条腿不是他的弱点，因为他把这种弱点变成了一种优势。他把一个踢踏板安装在木腿的底部，发展出了一种切分音式的踢踏舞风格，使他在演出中脱颖而出。

基金募集大师迈克尔·巴斯奥福因为将不被看好的成员发展为最好的基

金募集人而震惊西方世界。他成功的秘诀就是将弱点转化为优点。比如说,如果基金会有一个"害羞"的秘书和他一起工作,他就会让那位"害羞"的秘书成为"最佳的倾听者"。渐渐地,捐赠的人就会很喜欢同这位害羞的员工谈话,因为善于倾听,让说话的人感到自己非常重要。

美国励志大师史蒂克·钱德勒早年的一个弱点是同别人谈话的障碍。他对自己同别人交谈的能力没有自信,因此养成了给别人写信和写便条的习惯。熟能生巧,过了一段时间,他成了写信和写便条的高手。他把弱点转化成了力量,他写的信和便条拓展了他的关系网。

所有弱点都是可以转化的,只要用足够的时间来思考它。一旦我们真正开始思考自己的弱点,弱点就很可能变为长处,种种创新的可能性将不断地涌现出来。

任何人只要愿意控制自己的弱点,愿意接受积极的思想,就能够使弱点发生变化。

畅销书作家兼名嘴傅佩荣在上小学时,隔壁搬来的新邻居家中的小孩说话口吃,他觉得好玩就跟着说,没想到自己因此而成了严重的口吃者。

那时候,傅佩荣很害怕在课堂上被老师叫起来回答问题,每次,他都窘得面红耳赤,支支吾吾地说不出半个字,惹得全班哄堂大笑。别的班的小朋友知道了,还捉弄他,邀他去他们班上演讲。

为了维持自尊,傅佩荣非常认真地念书,用功课来弥补口吃的缺憾。他说:"人生不能没有考验,口吃的毛病曾让我非常自卑,但同时也启发了我,在其他地方证明自己的价值。"

从小学三年级到高中,傅佩荣就这样生活在口吃的阴影下,直到高二时才去参加口吃矫正班,慢慢地学习说话技巧,而一直到在耶鲁大学念完了博士,他才彻彻底底改掉口吃的毛病。

傅佩荣在不断克服自己口吃的缺点的同时，努力提高自己的学识和修养，终于成长为名嘴。

每一个人都有弱点，不同的是，一般人让弱点成为羁绊；成功者却能克服、甚至开发自己的弱点，把弱点转化为优点。世界是公平的，绝不会因为一个人有缺陷而剥夺他获得成功与幸福的权利，也不会因此而掩盖他的荣耀和风采。每个人都有相同的机会，关键看自己是否有信心、有毅力去把握它。

那么，要怎样来克服自己的弱点，使自己的整体素质得到升华呢？

第一，学会正确看待自己的弱点。

我们不能将自己的弱点与自我想象的弱点混为一谈。大多数有自卑感的人总是把注意的焦点放在自己的弱点上，将不重要的事夸大了来考虑，以为每个人都在注意这些事，而实际上并非如此。

一些人强调自己性格上的弱点，然后又费尽心机证明，"因为这个弱点，所以不能成功"。要解决这个问题，就必须先认识到，每个人都能成功、快乐和坚强。所以，我们必须决定自己打算突出哪一方面的优势，而这一决定权在于我们自己。一旦我们选择突出自己的长处和优点，自卑感便会消失，一种强有力的能力便会取代我们的缺陷和弱点。

第二，要有积极的心态。

积极的心态往往能使一个人将自己的弱点转为最强的部分。这种转化的过程有点类似焊接金属。当一片金属破裂，经过焊接后，它反而比原来的金属更坚固。这是因为，高度的热力使金属的分子结构更为严密了。

第三，要防止气馁。

我们性格中有一种普遍的弱点——气馁。气馁必然导致失败，但如果我们能多坚持一下，多努力一下，结果可能就完全不同。

7.摆脱完美主义枷锁

北大箴言：

完美主义是一种人格特质，也就是在个性中具有凡事追求尽善尽美的极致表现的倾向。但是想把生活中每一件事都做得非常完美的人，反而不太容易成为强者，因为他们在工作和生活中总是表现得拖拖拉拉、缩手缩脚、患得患失、害怕失败。

在日常生活中，我们很容易看到完美主义者的各种表现：不允许自己在公共场合讲话时紧张，一到发言时就拼命克制自己的紧张，结果反而愈发紧张，形成恶性循环；不允许自己的工作仅仅是一般，一定要做得最好，可事实经常是把自己累得够呛，工作却未必如想象得那样完美……

完美主义自测

那么，如何判定你是否一个完美主义者呢？看看以下几个北大哲学课关于完美的问题：

(1)当你在工作的时候，如果有人说话或打岔，你的注意力是否会被破坏，并且由此感到愠怒？

(2)当你在计划购物时，你是否不想理睬对你促销的人，而是去找一些你需要的信息然后再作定夺？

(3)你是否对那些随随便便的人感到非常厌恶，并且暗自批评他们对自己的生活太不负责？

(4)你是否不停地想，某件事如果换另一种方式，也许会更加理想？

(5)你是否经常对自己或他人感到不满，因而经常挑剔自己所做的任何事或他人所做的任何事？

(6)你是否经常顾及别人的需求，而放弃你自己的需求和机会？

21

（7）你是否经常认为干任何事都要全力以赴，却又常常希望你自己能够再轻松些？

（8）你是否常常心里计划今天该做什么、明天该做什么？

（9）你是否经常对自己的服装或居室布置感到不满意而变动它们？

（10）你是否不断地为别人没能一次就把事情做好，而亲自去重做这项工作？

这些问题，若你的回答都是"是"，那么，无疑你与完美主义者已经相去不远了。

完美主义副作用

（1）增加压力。

制订过高的目标意味着增加心理压力，出现失误时，就会产生自我恐惧，反对来自别人的帮助，不愿接受事实。"完美主义是一种美德，'一定要做到最棒'的想法也很好。"加拿大西三一大学的心理学教授弗莱说，"但是超过一定的'度'，必然事与愿违，变成一个障碍。"

完美主义倾向有两个组成部分：积极的方面，包括高标准完成自己的工作等；消极的方面，涉及诸如疑虑、对错误的过分关注和感受别人的压力，这些都是完美主义的有害因素。

（2）失去控制。

一些科学家认为，高成就的人士可以被视为"积极的完美主义者"，他们并没有成为完美的牺牲品。然而，有人说，虽然看似完美在某些情况有利，但它总是有黑暗的一面。例如，一个完美主义者似乎在正常情况下表现得比较耐性理智，但在压力下则会完全失去控制。

虽然存在"积极完美主义者"的争论，但毫无疑问，它在某些情况下容易适得其反。"这基本上是完美主义的悖论，即某些人具有非常高的标准，但客观地看，往往在他们的日常运作方面非常不正常，影响他们的身体和成就。"史密斯学院心理学教授帕特里夏说。

(3)缩减寿命。

较之于完美主义对心理健康影响的前瞻性研究,一些研究者发现,完美主义与一些疾病联系在一起,包括偏头痛、慢性疼痛和哮喘。

弗莱和她的同事曾考察完美主义和死亡之间的整体风险的关系。这项研究选取了450名从65~71岁的老年人,评估他们的完美主义和其他人格特质水平,并给他们打分。结果显示,得分高的完美主义者比得分低的人,死亡风险增加了51个百分比。

研究人员怀疑压力和焦虑可能是导致他们寿命减少的部分原因,也可能与慢性疾病有关。

(4)顽固追求。

社会的支持是身体健康的一个重要指标。如果你喜欢与人交往,有良好的家庭生活,有牢固的友谊,你会更健康。完美主义者的工作生活往往与其他人脱节,生活枯燥,缺少情趣,内心的压力得不到调解。他们有高的期望,却不能履行好,这可能会最终导致更大的抑郁和焦虑,甚至失眠。健康状况不佳也可能是完美主义者没有一点时间来照顾自身,将一分一秒都用在追求完美上造成的,如果生病,他们宁可拖延下去,也不想放下手头的事。

北大哲人教你摆脱完美主义"枷锁"

为了他人,更为了自己,摆脱完美主义很有必要!下面是北大哲学系一些讲师提出的摆脱完美主义"枷锁"的一系列方法,试着去做,你的人生将有可能从此改观。

(1)要想战胜完美主义,第一步最好从动机开始着手,你必须要有坚持运用此方法的动机。请列出追求完美的好处和坏处,也许你会惊奇地发现,这样对你的确没什么好处。只要你能明白追求完美实际上弊大于利,你就会更坚决地放弃它。

(2)写完列表后,你可以看看追求完美的好处和坏处。此时,你也许想做一些试验,验证一下这些好处是否有效。

和许多人一样,你可能会想:"如果不追求完美,我还是个人吗?我又怎么

23

能把事情做好？"要想知道真相的话，你可以做个试验，将自己在各种情况下的标准分为3个级别——高标准、中等标准和低标准，然后试着降低标准，看看自己的表现是否真的会随之降低。

结果可能会让你大吃一惊。你会惊喜地发现，降低标准后，你不仅会更欣赏自己的表现，而且你的发挥还会更出色。

（3）如果你是一位有强迫症的完美主义者，你可能会认为，如果不追求完美，你就无法充分地享受生活，也找不到真正的快乐。

要验证这种想法，你可以使用"反完美主义表"。你可以计划许多活动，例如刷牙、吃苹果、林中漫步、修整草坪、晒太阳、写工作报告等，然后记录下你从这些活动中实际获得的满意程度。估计一下自己完成每项活动的完美程度，用0~100%的数字表示，同时还要用0~100%的数字记录每项活动的满意程度。这样做可以帮助你切断"完美"和"满意"之间的错误联系。

（4）假设你已经决定放弃完美主义，虽然这只是一次尝试，但总可以看到结果。尽管如此，你还是顽固地认为，如果能付出百分之百的努力，至少可以在某些方面臻于完美。但请想一想，完美主义真的符合现实吗？你有没有亲眼见过完美之极、毫无瑕疵的东西？

（5）学会战胜恐惧。你可能没有意识到，在完美主义的背后始终都有恐惧的影子，恐惧会强迫你精雕细琢以求完美。如果你选择放弃完美，一开始的时候，你可能会有这种恐惧。

有一种方法可以帮助你应对这种恐惧并战胜它，这就是"反应阻止法"。它的基本原则简单明了，你需要反抗这种追求完美的习惯，绝不能屈服，但可以想那些让你焦虑害怕的问题。不管你有多么紧张，都一定要坚持，你的心会悬在半空中，最后紧张到了极点。这一阶段最长也许需要几个小时，最短可能只需10~15分钟而已。等这段时间过去后，强迫性冲动将会开始减弱，最后完全消失。若能做到这一点，你就赢了，你战胜了这种强迫性的恶习。

（6）承担生活责任，你需要给所有的活动设置严格的时间限制，只需一个星期即可。这样可以帮助你改变心态，使你能够投入多姿多彩的生活中，并学会享受它。

（7）如果你是个完美主义者，你很可能会有拖延症，因为你总是坚持尽善尽美。快乐的秘诀在于设置简单可行的目标。如果你想自讨苦吃，那就想方设法坚持你的完美主义和拖拉态度吧。如果你想改变的话，那就应该在每天早上安排当天的活动，给每项活动都规定一个时限。等时间一到，不管事情有没有做完都要放下，立刻开始做下一项工作。假设你练钢琴，有时可以弹几个小时，但有时一分钟也弹不了，那你应该规定每天只弹一个小时。

（8）你肯定很怕犯错！但犯错有什么好怕的？犯了错天会塌下来吗？一个人如果不敢冒险，他就永远长不大。要想战胜完美主义，最有效的方法莫过于学会犯错。

（9）如果你有完美强迫症，你肯定会总盯着自己的短处。你会总是盯着自己还没做的事，从而忽略了已经做的事。你穷其一生都在数落自己的错处和过失，对于这样的你来说，自卑在所难免！

有一种简单的方法可以将这种可笑又可恶的习惯扭转过来。你可以使用高尔夫计数器，每天只要做了一件正确的事，就按一下计数器，到时看看累计的总数。这似乎太过简单了，你简直没法相信它会起作用。

（10）学会吐露心声。如果你在某种情况下会感到紧张自卑，那就找个人说说吧。不要掩盖事实，你应该告诉别人，你觉得自己在哪方面觉得无能为力，你可以向对方请教如何才能提高。如果他们因为你有缺点而排斥你，那就随他们好了，只是你自己不要放在心上。如果你不知道该怎么办，则可以问问他们，会不会因为你犯错就看轻你。如果能这样做的话，以后当你有不足之处让别人看轻时，你就会知道该怎么处理了。

（11）另一个战胜完美主义的方法是"放弃法"。这种方法基于一种原理——我们大多数人之所以苛求完美，是为了比别人强。可你有没有想过？如果你降低标准，你可能会更成功。你如何才能运用这种方法呢？假设你在做一项任务，但进展却很缓慢，你觉得你的效率越来越低时，最好转头做下一项任务。

8.好心态才是美的判断标准和依据

　　美的感觉，就像幸福的感觉，每个人内心都有一套自己的评判标准，正所谓"有一千个观众，就有一千个哈姆雷特"。女作家夏绿蒂在她的小说《简爱》中也曾说过："美与不美，全在看的人的眼睛。"

　　正因为人的这种主观性，才出现了"萝卜白菜各有所爱"、"情人眼里出西施"、"西施眼里出英雄"的现象。

　　19世纪40年代，在英国伦敦有一位叫伊丽莎白·芭莉特的女诗人。她写的诗打动了很多人，大家都慕名来求见她。

　　但是，芭莉特实在不是通过她的诗想象出来的美女，甚至连普通都谈不上。她身躯娇小，瘦得皮包骨头，而且还是个瘫痪患者，终年卧床不起。所以，她闭门不出，从不去见那些追求她的人，到了40岁，还是个待字闺中的老姑娘。

　　而一位年轻的小伙子白朗宁却不可救药地爱上了她，他爱她的诗，爱她的灵魂。经过几个月的书信来往，他们终于见面了。

　　见面的那一天，白朗宁由衷地说："你真美，比我想象的美多了！"

　　为什么同一事物在不同人的眼里有不同的反映呢？这是由于每个人受限于社会地位、思想修养、文化水平或者年龄、性别、教育方式等的影响，对同一事物的反映会有差异。简单地说，这种差异是主观性造成的。

比如，一只小狗，有的人见了说："瞧，毛茸茸的，多可爱啊。"也有人说："又瘦又小，丑死了。"这审美观点的不同，导致一些人眼里的美女，在另外一些人眼里就是普通人；而一些姿色平庸的人，在另外一些人眼里却具有非凡的魅力。

这种个人的主观性，在时代的变迁上也体现得较为明显。比如，在唐代以"胖"为美，如杨贵妃，《旧唐书》记载她说："太真姿质丰艳。"意思是杨贵妃比较丰腴；而现代，却流行骨感美，体重在标准线以上的女孩们，都一头扎入了减肥大潮。

而在古代，选美女的时候，标准不在脸蛋上，也不是时下流行的三围，而是一双莲足，也就是小脚。看过《水浒传》的人大概都记得西门庆俯身拾筷的时候，趁机摸了潘金莲的脚这一细节。"三寸金莲"，就是古代一个女人最美的地方。

哲学家罗丹说："美到处都有，对于我们的眼睛，不是缺少美，而是缺少发现！"

参加残奥会的人都是身体有缺陷的人，如果从外表去看，他们也许给人的第一印象是丑；但当他们站在运动场上，为自己的梦想努力拼搏时，你会发现他们是最美的，是世界上最可爱的人。

是他们的样子变了吗？不，是你的审美观变了，是你的心态变了。

苏东坡曾对佛印批评自己的诗词而耿耿于怀。一次，两个人在一起打坐，苏东坡问："你看到了什么？"佛印说："我看到了佛。"苏东坡就想借机羞辱他，就说："我看到了狗屎。"

苏东坡心里很是痛快，回家迫不及待地告诉了妹妹苏小妹。妹妹听了后，反说："哥哥你好可怜。因为你心中有什么，你就会看到什么。佛印心中有佛，所以眼中看到的就是佛；而你却看到了一堆狗屎，那你心中又是什么呢？"

美,是一种选择,也是一种态度。是美还是丑,很多时候取决于你的心境,而不是事物本身。

人的一生,就像一趟旅行,沿途中有数不尽的坎坷泥泞,但也有看不完的美景。如果我们的心总是被灰暗的风尘所覆盖,干涸了心泉,黯淡了目光,失去了生机,丧失了斗志,我们的人生轨迹岂能美好?

你用灰暗的心去看待生活,生活给予你的就是一连串的失望;如果你浪漫地解释生活,你就会发现生活其实并没有把你逼得走投无路,还在你身旁布满了惊喜。多点自我安慰,少点绝望,这才是我们面对生活可取的态度,这样,我们才可以看到另外一番美丽的风景。

9.最美的自己永远是由内而发的

北大箴言:

聪明的人不会让那些外在的亮丽遮掩住自身内在的魅力。因为,最美的自己永远是由内而发的,除去那些外表的修饰,你拥有的是一颗更加丰富的心。

心灵美是一种素质。这种素质,可以从一个人对人生、对社会、对他人以及自己的思想感情和态度中得到体现。外在美迷惑的是人的眼睛,而内在美却可以深深打动人的内心。

内在美是善良,是爱心,是一腔能包容天地的博大胸怀;内在美是豁达、乐观和朝气;内在美还是勤劳勇敢和坚韧不拔;内在美更是知识才学和追求。每个人对内在美都有不同的解释,我们也许无法做到完美,但我们可以努力地去追求。

中国古代的四大美女中，貂蝉有闭月之容，杨贵妃有羞花之貌，西施有沉鱼之颜，然而最美的当属王昭君，因为她不仅拥有落雁之美，还兼有一颗悲悯之心。

传说王昭君在去匈奴和亲的途中，因太思念家乡而唱起歌来，天上的大雁听见了如此美妙的歌声，便都低头看去。看着王昭君，大雁竟忘记了挥动翅膀，掉落在地。这就是所谓的落雁之美！

王昭君的美丽不仅仅是外在的，出塞后，她给匈奴人民带去了粮食种子与文字，并教他们耕种、使用农作道具、看书写字。美丽的昭君在匈奴百姓的眼里简直就像仙女下凡，她的善良得到了更多匈奴百姓的爱戴。

王昭君用她的内在美给人民带来了和平安宁的生活，用她一生的努力使两个民族交好了60多年。可以说，王昭君改变了整个匈奴，就如庞天舒所说："这世间，只有女人的胸襟，可以融化战争的刀林箭丛与铮铮铁蹄。"王昭君那种宽广的胸襟，是一种无言的美。

杨澜是集媒体、商人、社会活动家于一体的当代著名成功女性。她精于时尚，拥有自己设计的珠宝品牌，在任何场合都会以干练精致的着装出现。同时，她才华横溢，由内而外散发着睿智与知性。

杨澜早在1997年就投身于公益事业。1997年她的作品《凭海临风》出版，她将第一笔稿费30万元捐给了希望工程。从此，杨澜就与公益结下了不解之缘。她曾担任过国内各种大型公益活动的形象大使，如环保大使、中华慈善总会慈善大使、义务献血形象大使、绿色大使等。她乐此不疲地频繁出席各种公益活动，还免费代言了无数的公益广告。她将"阳光媒体投资"获益的51%无偿捐赠给社会，建立"阳光文化基金会"。近几年，她又设立了"汶川大地震孤残儿童救助专项基金"。她不仅倡导慈善，自己和丈夫吴征更是经常慷慨解囊，资助各个慈善机构和个人，如"母亲水窖"等工程。她到哪里都不会忘记宣传慈善的力量。从最初零星地帮助贫困者，到成立"阳光文化基金会"，慈善对于杨澜,由"一时兴起的善心"变成了一种生活方式。

美如果只存在于人的心灵世界、内部世界,没有广泛和迅速地感染到人,形成影响,是称不上魅力的。美不是静止的存在,它存在于人和人的沟通交往中。内在美如果不能冲破心灵的藩篱,对外开放,对外有鲜活的表现,形成外在美,那就只有孤芳自赏了。

如果将美比喻成一棵树,那么内在美便是树根,外在美便是树叶、树枝。树不可无根,树也不可无叶无枝,内在美和外在美便因这种关系而相互依从。真正的美是二者兼具。

东西也好,人也罢,徒具其表,"金玉其外,败絮其中",这样的美转瞬即逝。而如果只有内在美,则很难在第一时间被人所发现,需要较长的时间让人慢慢去品味,常常是在别人发现之前就被埋没了。

哲学家培根曾经说过这样一句话:"把美的形象与美的德行结合起来吧!只有这样,美才会放射出真正的光辉。"

北大哲人诠释:"内在美和外在美的结合才是最好的。外在美是基础,内在美是美的升华,它不会随着时间的流逝而烟消云散,是美的极致。内在美和外在美的统一才是永恒的美。我们要勇敢地展现自己,在开放的状态中展现美,美将使人与人之间的沟通变得更加顺利愉快。"

第二课

生如夏花之绚烂,死如秋叶之静美

人类的生命,并不能以时间长短来衡量,心中充满爱时,刹那即永恒。

——尼采(德国著名哲学家,西方现代哲学的开创者)

1.当下,就是生命最好的礼物

北大箴言:

虽然人生中有许多不确定的事,但有一件事是绝对确定的,那就是我们每一个人都终究不免一死。而相比逝去的过去和遥不可知的将来,当下,才是生命最绚烂的体现。

人生的问题很多,但如果给予高度概括,那便不外"生死"二字。人们关心生活,然而,生活只是生的一部分。

死对人来说,是无法回避的,生的末端便是死。谁不想长命百岁?但人活百岁终要死,世上没有长生不老药。当然,对死亡怀有恐惧并不奇怪,人一死,便会失去生活给他的各种美好事物。但如果一个人经历过人世沧桑,活着时尽职尽责地工作,没有虚度时光,那就可以死而无憾了。死亡是人生的终结,如同旅途的一个驿站。正像英国作家雨果临终前说的那样:"生命的旅行,总有结束的时候,我该休息了。"

英国著名哲学家、散文家罗素对生死的理解很形象:"每个人的人生都应该像河水一样,开始是细小的,流在狭窄的两岸之间,然后,热烈地冲过巨石,滑下瀑布。渐渐地,河道变宽了,河岸扩展了,河水流得更平稳了。最后河水流入海洋,不再有明显的间断和停顿,而后毫无痛苦地摆脱自身的存在。"

能这样理解自己一生的人,将不会因害怕死亡而痛苦,因为他们所珍爱的一切都会存在下去。

如果我们能像罗素那样,当死亡来临之际,坦然面对,把它当作生命过程里的一个环节;像雨果那样,临终轻松地说:"我该休息了!"死亡于我们而言将不再可怕。

圣严法师说:"人活着不过是在一呼一吸之间,呼吸在,所以你一切都在。"

日本知名作家村上春树说:"死亡并不是生命的反义词,它是生命的一部分。"

倘若不以身体作为死亡的依据,人的一生当中,总是要面临无数次"死亡与重生"的体验——大多数的人,终其一生,费尽心思追寻的是得不到的财富、不确定的爱情、过眼云烟的名利,却很少人能够停下来想一想,要如何正视终须面对的死亡。生死其实是同一件事的两面,生时不能无忧,临死必将慌乱。

人生是一连串的未知、不确定,唯一可以确定的就是"死亡",但却也是人们最难以接受的事实。悲恸、号啕与怨天尤人都于事无补,唯有坦然接受,好好准备。

然而,我们准备好了吗?

死亡和我们生命中所经历的失败或失去是一样的,都令人感到无比沮丧,尤其是面对自己或亲友终将死亡的事实时,更是难以接受。

死亡,是很多人的忌讳,但是,谁又能避免死亡呢?死亡到底教会了我们什么?死亡教会的恐怕是"当下"这两个字。珍惜当下,活在当下。

在当下的每一刻,学习要努力,在当下的每一刻,生活要珍惜,如此,每一刻都将是圆满的结束,同时也是崭新的开始。

孔子的学生季路问孔子:"敢问死?"

子曰:"未知生,焉知死。"

在了解死亡的意义之前,要先知道怎么活。

在现实的世界里,不必为生死命题来钻牛角尖,也无须在虚幻中迷失自我。因为,人生始终行走在永远的舍弃和永远的追求中。我们无法预知死亡,唯一能做的就是活在现在、活在当下。

当下,就是生命最好的礼物。

"生如夏花之绚烂,死如秋叶之静美",这是生的境界,也是死的境界。我们是心存希冀、痛苦地生存,还是快乐地死亡,让尊严归于尘土?

北大哲人总结,只有真正尊重生命,懂得、参透生命的人,才能正确地把握生命。

2.看淡生死才能更好地享受人生

> **北大箴言:**
>
> 冰心说:"在快乐时我们要感谢生命,在痛苦中我们也要感谢生命。快乐固然兴奋,苦痛又何尝不美丽?"生命是一束纯净的火焰,面对痛苦,我们依靠自己内心看不见的太阳支撑着生命。

人的生死,就如同大自然的花开花落一样平常无奇。"人生自古谁无死",死是万物新陈代谢的必然结果,是不可抗拒的自然规律。

但是人们又都有希望生存、不愿死亡的愿望,古今中外,多少帝王一直在寻找"长生不老药"。当然,这是无济于事的,即便是现在的科学家,也只能找到抗老防衰、延年益寿的方法,没有找到可以让人不死的"灵丹妙药"。所以,有人说:"人从生下来就注定要一步一步走向死亡。"

因为人世间有情在,所以人们总是为生离死别而哀伤悲泣。然而,陶渊明是豁达的、乐观的,所以他能一语道破生死的问题:"亲戚或余悲,他人亦已歌。死去何所道,托体同山阿。"

对于死亡,过度恐惧反而有损身体,明智的态度就是顺其自然,自由自在地生活。真正的修炼者,因为洞悉了永恒的真理与生命的真相,会逐步看淡生死,最终对死亡不再心存恐惧。

许多长寿名人,对死亡都有着大度的乐观心态。

著名佛学家、爱国宗教领袖赵朴初,对生死看得很透,在病床上还写下了"生固欣然,死亦无憾"的诗句,字里行间充满了辩证唯物主义的生死观,展现了他纯情超然的心灵境界。

南京大学111岁的博士生导师郑集，专门写有《生死辩》："有生即有死，生死自然律。"这就是一个百岁老人对死亡的坦然。

著名作家孙犁晚年自作无题诗："不自修饰不自哀，不信人间有蓬莱。冷暖阴晴随日过，此生只待化尘埃。"表现了他对死亡的超然大度。

有个成语叫"视死如归"，想要做到看淡生死、视死如归，并不是一件容易的事。历史上有两种人达到了这种境界，一种是在修行中历尽劫难沧桑，参透生死，对人生已经大彻大悟；另一种是胸怀高远大志，心有精神大义而置生死于度外。

孔子谓"杀身成仁"；孟子曰"舍生取义"；司马迁认为"人固有一死，或重于泰山，或轻于鸿毛"。对死亡的态度恰好是对生的态度的反证。惧怕死亡的人在生活中往往患得患失、忧虑重重；而不怕死亡的人则大多乐观进取，力争在有限的生命中创造出无限的事业。

总之，有生必有死。人同世间一切的生物一样，一旦死亡就不可能再次复生，如果因此而轻视或浪费生命，那将是不可原谅的错误。在死神召唤之前，我们应充实地过好每一天。

莎士比亚有一段名言，令人回味："懦夫在未死以前，就已经死过好多次；勇士一生只死一次。在我所听到过的一切怪事之中，人们的贪生怕死是一件最奇怪的事情，因为死本来是一个人免不了的结局，它要来的时候谁也不能叫它不来。"

北大哲人总结：每个人都要正确对待死亡，把死亡看成是人生的必然"归宿"。面对死亡，不要悲观，无须惊骇，这样你才能泰然处之。既然死亡不可避免，就应该在有限的岁月里，让生活充满阳光。

3.对生活怀有一颗感恩之心

北大箴言：

　　生命的整体是相互依存的，每一样东西都依赖其他每一样东西。人自从有了自己的生命起，便沉浸在恩惠的海洋里。

　　传说，有个寺院的住持，给寺院立下了一个特别的规矩：每到年底，寺里的和尚都要面对住持说两个字。第一年年底，住持问新来的和尚心里最想说什么，新和尚说："床硬。"第二年年底，住持又问他心里最想说什么，和尚说："食劣。"第三年年底，这个和尚没等住持提问，就说："告辞。"住持望着他的背影自言自语地说："心中有魔，难成正果，可惜！可惜！"

　　住持说的"魔"，就是和尚心里没完没了的抱怨。这个和尚只考虑自己要什么，却从来没有想过别人给过他什么。这样的人在现实生活中很多，他们这也看不惯，那也不如意，怨气冲天，牢骚满腹，总觉得别人欠自己，社会欠自己，从来感觉不到别人和社会对他的生活所做的一切。这种人心里只有抱怨，全无感恩。

　　两个跋涉在沙漠中的旅人，已行走多日，在他们口渴难忍的时候，碰见了一个骑着骆驼的老人，老人给了他们每人半碗水。两个人面对同样的半碗水，一个抱怨水太少，不足以消解他身体的饥渴，一怒之下竟将半碗水泼掉了；另一个也知道这半碗水无法满足他的需要，但他却懂得感恩，并且怀着这份感恩的心情，喝下了这半碗水。结果，前者因为拒绝这半碗水而死在了沙漠之中，后者因为喝了这半碗水，终于走出了沙漠。

这个故事告诉人们，对生活怀有一颗感恩之心的人，即使遇上灾难，也终将熬过去。感恩者遇上祸，祸也能变成福；而那些常常抱怨生活的人，即使遇上了福，也会使之变成祸。

有一个贫困山区的一个女孩，有幸考上了重点大学，不幸的是父亲在她进校不久便遭遇车祸身亡，家中无力再供她上学。就在她准备退学回家时，社会送来了关怀，老师和同学也慷慨捐款捐物。她将大家的赠物都藏在箱子里，舍不得使用。只要看看这些赠物，她就会想到自己周围有那么多的关怀、爱心，心中就不由得生出一种感激之情。这种感激之情驱使她不断战胜困难，顽强拼搏。这个在物质上贫困的女孩，却是一个精神上的富有者。她心怀感恩，终于读完了大学，还以优异的成绩留学美国。她说："大家给我的一切，是我的精神财富，永远留在我的心里。我要努力学好本领，回报祖国，回报父老乡亲。"人若能做到不忘感恩，就像这位女孩，生命就会时时得到滋润，并时时闪烁纯净的光芒。

我们每个人都应该明白，生命的整体是相互依存的，每一样东西都依赖其他东西存在，无论是父母的养育、师长的教诲、配偶的关爱、他人的服务、大自然的慷慨赐与……人自从有了自己的生命，便沉浸在感恩的海洋里。

所以，明白了这个道理，你就会感恩大自然的福佑，感恩父母的养育，感恩社会的安定，感恩食之香甜，感恩衣之温暖，感恩花草鱼虫，感恩苦难逆境，甚至感恩敌人的打击，因为真正促使自己成功，使自己变得机智勇敢、豁达大度的，不是优裕和顺境，而正是那些常常可以置自己于死地的打击和挫折。

挪威著名的剧作家易卜生把自己的对手瑞典剧作家斯特林堡的画像放在桌子上，一边写作，一边看着画像，从而激励自己。易卜生说："他是我的死对头，但我不会去伤害他，而是把他放在桌子上，让他看着我写作。"

据说,易卜生在对手目光的关注下,完成了《社会支柱》、《玩偶之家》等经典之作。

北大哲人说,一个人最大的悲剧和不幸就是当他大言不惭地说:"没人给过我任何东西。"

人有了感恩之心,人与人、人与自然、人与社会才会变得更加和谐、更加亲切,我们自身也会因为这种感恩心理的存在而变得愉快和健康起来。说它是滋润生命的营养素,一点也不过分。

4.谁也不能帮你驱除孤独,你必须学会爱自己

北大箴言:

要真正爱自己,依靠自己的力量,埋头于某件事中,靠自己的双脚,朝着高处的目标行进。虽然会有痛苦,但那是心灵成长的痛。

有个北大哲人认为:"在人群中比独自一人更加孤独。"

的确,有时候一大帮人在一起打打闹闹,孤独的感觉却比一个人的时候还要强烈。那是因为你与周围的人格格不入,无法进入那种热烈的气氛,在这种氛围的映衬下,你觉得自己更加孤独。而一个人的时候,海阔天空的遐想,反而不怎么觉得孤独。

可见,呼朋唤友,置身于喧嚣的人际,并不是驱除孤独的好方法。

驱除孤独最好的方法是哲学家说的"真正爱自己,依靠自己的力量"。

我们只有凭借体内自有的韧性和生命力去战胜经常驾临的孤独感。能和自己做朋友,才是自由的胜利。因为这个朋友永远在你身边,无论你落魄还是发达,开心还是难过,他都会在你身边,鞭策你,激励你,安慰你。

有人曾问斯多葛学派的创始人芝诺:"谁是你的朋友?"

他说:"另一个自我。"

人生在世,不能没有朋友。但在所有的朋友中,我们最不能忽略的一个朋友就是自己。

能不能和自己做朋友,关键在于你有没有芝诺所说的"另一个自我"。这另一个自我,实际上就是一个更高的自我。而要和自己做朋友,重要的是你对这个自我的态度。

有些人不爱自己,常常自艾自怨,如同自己的仇人;有的人爱自己而缺乏理性,过分自恋,如同自己的情人。在这两种情况下,另一个自我都是缺席的。

成为自己的朋友,这是人生很高的成就。古罗马哲人塞涅卡说,这样的人一定是全人类的朋友。法国作家蒙田说,这比攻城治国更了不起。

和自己做朋友,就要真正爱自己。

法国版ELLE曾经做过一项调查:"假如我们对你的恋人或丈夫做一次采访,那你最想从他们的嘴里知道些什么?"被调查者都不约而同地回答:"他还爱我吗?"

他还爱我! 这就是多数人想从恋人那里得到的答案,特别是女性。

而我们想问的问题却是:"你还爱自己吗?"

也许你会说,谁不爱自己呢?是的,没有人不爱自己,但懂不懂如何爱自己,却是一个问题。比如说,你每天为自己真正预留了多少专属自己的时光,没有动机,没有功利,没有交换,只是让自己充分自在地舒展开来,感受着自己,感知到自己?

在更多的时间里,你恐怕都忙于应付各种需要:为家庭,为工作,为孩子……即使在一人独处,不需要应酬谁时,你是不是也常会忘记要应酬自己?而依然在行为上或者脑子里惯性地应酬着这个或那个,或者自觉在鞭策自己,去充电,恶补情商或者管理经?

这些行为都不是真正爱自己的表现,都不能真正地滋养自己。爱自己,不

39

是以物质贿赂自己——一掷千金并不见得能犒赏自己；不是拿成就激励自己——成功也不见得能喂饱你；当然更不是以别人的眼光或者标准苛求自己——别人都满意了你却不一定能够满意。

爱自己就是对自己的欣赏和喜欢，因为这个世界上你是独一无二的，你就是这个世界的唯一。

爱自己，并不是盲目自恋，而是能够认识到自己的缺点，坦然地接受自己的一切。真心爱自己的人懂得快乐的秘密不在于获得更多，而是珍惜所拥有的一切。你会觉得自己是那样地受上天的恩宠，是那样幸福地生活在这个世界。这是一份难得的乐观心境，更是快乐的始点。具有如此心境的人，无论是对生活、工作，还是对周围的亲人、朋友，都会自然流露出一股喜悦之情，感动自己，影响他人。

只有爱自己，和另一个自我做朋友，你才能真正远离孤独。

当然，这绝不是在教你去垒一道墙，躲在里面，拒绝别人的关心与问候，而是要你学会和内心的另一个自我相处。这样，你才能成长为一棵独立的大树，而不是缠绕在别人身上的藤蔓。大树的枝丫可以在空中恣意摇曳、伸展，没有固定的姿态，却有一种从容，一种得心应手的自信。

哲学家尼采在《查拉图斯特拉如是说》中说："你在内心深处很清楚，即使你身在人群之中，你也是跟一群陌生人在一起。对你自己来说，你也是个陌生人。"如果你和自己都是陌生人，即使朋友遍天下，也只是热闹而已，你的内心仍然是孤独的。

北大哲人提醒：孤独感是心灵深处盛开的罂粟，想要拔出它，你要学会和自己的灵魂对饮。如果你懂得爱自己，善待自己，别人就容易看到你的魅力，并称赞你。你会从这些赞扬中得到更多的自信，活得越发光彩，永远保持对生活的热情，这是个良性循环。

5.生命最重要的课题——在人生的各个阶段调整自己

北大箴言:

　　人要使自己在成功后仍然保持激昂的斗志，长久保持旺盛的战斗力,就要善于在人生的各个阶段不断调整自己,使自己适应不断出现的新情况。

　　有些时候,我们可能正在做一件很熟悉而令人愉快的事。事情进展得很顺利,你的心情也异常轻松、愉快,觉得一切都很好。可是,一个偶然的现象或者一闪而过的某个念头,突然使你想起了一件伤心的往事,你的心情在一瞬间便低落了下来。

　　接下来,你的情绪越来越不好,心里总是想一些令你感到失落的事。你想避开这种想法,可是不行,越是想忘掉,往事越是清晰地反复浮现在你的脑际。这时候,你手里做的事随之缓慢起来,手脚变得不听使唤,明明很熟悉简单的事,你却怎么也做不好。

　　每个人都曾经遇到过类似的状况,在人的一生当中,更是经常出现这种莫名其妙的低沉、失落。有时它会持续很长一段时间,甚至使你从此再也无法振作起来。很多人对此无可奈何,也找不出原因。

　　有一位球员,在西班牙的世界杯足球赛中,为自己的球队赢得胜利立下了汗马功劳——他就是尤文图斯队的著名前锋保罗·罗西。他身怀高超的球技,是非常优异的足球运动员,但为什么在世界杯以后短短的两三年内,他就被众人遗忘了呢? 事实就是如此残酷,保罗·罗西从舞台上消失了,被普拉蒂尼取代,然后是马拉多纳。

为什么有些人一下子就消失得无影无踪,有人却经过多年之后仍旧保有其地位,依然才能出众,备受瞩目?他与其他人有何差异?是身体的构造不同?还是能在心灵、精神、企图心等方面找出其间的差异? 或者说,是一种保持状态的能力在起作用?

实际上,这正是我们应该注意的方向,也就是一个人内心的状态以及企图心。

以在法国科西嘉岛上的贫困家庭出生的拿破仑为例,他拥有坚强不屈的意志,甚至能够控制自己的肉体,视情况需要调整睡眠时间。但是,拿破仑后来也脱离了现实,自认为已立于不败之地,把自己看成了神。他忘记成功是由许多条件与历史因素(亦即当时人们对革命的信仰、基层士兵的欲望、欧洲各国民心一致)造成的,于是不可避免地走向了衰败。如果他有更深的教养,能够倾听别人的声音并加以反省,能够不断提醒自己不要陷于忘乎所以,或许可以免予如此快速地走向没落。

每个人的内心深处都隐藏着想要解放的欲望,这正是驱策我们向前走的强烈动机。但是,一旦在事业、恋爱、艺术、学术等方面获得成功,人们就容易忘掉是什么原因或靠谁的帮忙才得以成功,进而放松自己的企图心。

北大哲人认为:"如何适时地调整自己的状态,使自己适应人生中的各种时期和各种可能出现的意外,是生命中最重要的课题之一。"

有一位作家,在某一段时期里,有非常强烈的创作欲望,不断地写出了脍炙人口的作品。在写作时,他觉得思路很顺畅,文字像是要从脑海里蹦出来一样。这时候他写的东西,优美感人,人物形象刻画得栩栩如生,使人读起来不忍释手。

在他付出艰辛的努力终于写完这个长篇之后,他感到浑身轻松,然后预备写下一个长篇小说。但他突然发现自己怎么也写不出东西来,尽管挖空心思,却收效不大,写出来的作品连自己都看不过去,仿佛一下子失去了所有的灵感。

实际上,这是他的状态出现了问题。当然,这同受外界的诱惑而导致的松懈完全不同,而这种状况又往往令人模糊,难以找到具体的原因。

但这并非绝对不可扭转,关键是不论在何种状况下,我们都应对自己的环境、心态、工作性质及周围的人的因素有个明确的了解,适当加以调整自己的情绪,改变一成不变的工作方法。这样,才可能扭转颓势,使自己重新找到良好的状态,保持不断进取的势头。

上面这位作家,是因为太投入、太紧张的工作和后来突然松懈形成了反差,造成心理上的疲软和过度紧张。这时候,他只要走出家门,亲近一下大自然,放松自己,在一段时间内,完全不想写作上的事,再次提笔时,他会发现自己的灵感已恢复如初,写作起来也会异常顺利。

这是调整状态的一种方法,即转移注意力。在连续工作和过度紧张的情况下,容易造成工作效率及心理情绪低下,因此有必要转移注意力,让自己的身体和心灵都得到休息、恢复。

而对于另一种人来说,情况则完全相反。这种人是在取得一定的成功后,变得自大、骄傲、自以为是,从而自然放松了进取的主动性和积极性。

他们很满足于已经取得的成绩,认为自己用不着再像从前一样艰苦努力和辛勤劳作。因此,他们开始讲究享受,个性也变得狂傲不羁、颐指气使、高高在上。但是这种日子不会持续太久,到他突然发现自己坐吃山空,需要重新创业时,他会惊慌失措,迫不及待地重操旧业。

然而,这时候的他们已找不到当初劲头十足、游刃有余的感觉,做什么事都会磕磕绊绊,极不顺利。这当然是由于身心的懈怠所致。

善于调整自己的人不会允许自己出现这种松懈。不管取得了什么样的成就,他都能正确面对,心神宁静。他不会为任何的成功而沾沾自喜,不会忘记追求成功的艰辛和困苦,也不会为一时的挫折而垂头丧气,失去重新战斗的勇气。只有这种人,才不会被历史的洪流所淹没,消失得无影无踪。

记住,要不断调整自己的人生航向,使之在安全、正确的航道上高速前进,一直到达理想的彼岸。

6.接纳生活就等于接纳自己

北大箴言:

接纳我们的生活吧,并接受生活给予我们的一切,接纳生活就等于是接纳自己。

人生最大的痛苦莫过于跟自己过不去,一个人生活的幸福与否,完全取决于自己对待生活的态度。当你不能接纳生活、接纳自己时,你就会感觉生活就是无边的苦海,人生就是一场煎熬。

一些人之所以对生活诸多抱怨,大都是因为不能接纳自己。常言说的好,人生不如意十之八九,人生道路怎可能一帆风顺?生活总会有酸甜苦辣、喜怒哀伤,随着如今生存压力的逐渐增大,处处可以听到牢骚和痛骂的声音,仿佛对这样的生活充满了仇恨,恨不能飞到外星球,与现在的一切一刀两断!

可是,这样排斥生活只能让我们更痛苦,同时,也让我们对自己越来越不满意。"为什么我处处不如别人!"这是很多人的心声。我们可能没有一个好爸爸、没有高学历、没有钱、没有漂亮的脸蛋、没有聪明的大脑、没有好工作、没有好运气、没有房子、没有对象……当我们不能肯定自己,只用权势、虚荣、占有来衡量自己时,就会显得非常脆弱,也非常容易被蒙蔽,甚至在这个物欲横流的世界里迷失自己。

　　有些人生来就能享受到无尽的财富，享受财富带来的优渥生活。历史上，很多在文学上有成就的人都是出身富贵，因为他们从小就有条件饱读诗书，长大后周游世界，也可以尽情挥洒自己的才能。

　　可是大部分人没有这样的条件。他们生活窘迫，无法享受富足的生活，但这并不意味着他们的生活一定很糟糕，他们同样有追求幸福的权利。当你感到生活的贫乏时，要学会去探寻生活的艺术，也要学会思考，不要把思维局限在一个框框里。这样你会发现，生活其实很动人，只是我们被偏见蒙蔽了双眼而已。

　　《庄子》里有一段动人的故事。子祀和子舆是一对非常要好的朋友。有一天，子舆突发疾病，作为好朋友，子祀前去探望。两人见面交谈时，子舆站在镜子面前，调侃自己说："神奇的造物主啊！竟让我变成驼背！背上还生了五个疮，因为过于伛偻，我的面颊快低伏到肚脐上了，两肩也高高地隆起，比头顶还高。你看，我的脖颈骨竟朝天突起！"

　　子舆是因为感染了阴阳不调的邪气，所以才变成上面他所说的那副怪模样。但是子舆没有指天骂地，还颇为自得地一步步走到井边，从井里看自己这副样子，又开自己的玩笑说："哎哟！伟大的造物主把我变成了这滑稽的模样呢！"

　　子祀有些担心，就问："你是不是厌恶这种病？"子舆说："不，我不厌恶，我为什么要厌恶这种病？如果我的左臂变成一只鸡，那我便用它报晓；如果我的右臂变成弹弓，那我便用它去打斑鸠烤野味吃；如果我的尾椎骨变成车，那我的精神就变成马，这样，我四处遨游，就无需另备马车了。得是时机，失是顺应，如果人能安于时机并能顺应变化，那无论是喜是悲，都不能侵犯心神，这就是所谓的'解脱'。如果人不能自我解脱，就会被外物所奴役束缚。物不能胜天，这是事实，当我不能改变它时，我为什么不接纳它呢？"

　　这则故事，可谓道尽了生活的智慧。"安于时机并能顺应变化"，才能好好地生活，才能让心神不受侵犯。看看子舆的态度，对自己丑陋的外表非但没有怨天尤人，反而幽默地调侃自己，甚至欣赏自己。所以说，人唯有接纳生活、接纳自己，感情和理智才不会矛盾，才不会造成烦恼。

接纳自己不是划地自限，而是认清自己。每个人都有优点和缺点，有其特有的能力、经验和机遇，只有接纳自己，生活才可能变得朝气蓬勃。否则，就等于是在否定生活、否定自己，那样很容易迷失自己，从而在生活上感到空虚和无奈。

所以，不管遇到什么挫折都要接纳自己。当你遇到不如意时，多想想自己的优点。一个懂得接纳生活、接纳自己的人，同样懂得把握住自己的做人准则，以自己的言行塑造自己的人生。

在一个不大的小镇上，有一个退伍军人，他少了一条腿，只能拄着拐杖走路。一天，他一跛一跛地走过镇上的马路，前往教堂，过往的人都带着同情的语气说："你看这个可怜的家伙，难道他要向上帝祈求再有一条腿吗？"退伍军人听到了人们的窃窃私语，转过身对他们说："我不是要向上帝祈求再有一条腿，而是要祈求上帝帮助我，让我失去一条腿后，也知道该如何把日子过下去。"

正如印度的哲学家奥修所说："学习如何原谅自己，不要太无情，不要反对自己。那么，你会像一朵花，在开放的过程中将吸引别的花朵。"

7. "你变了"没什么可怕——世界上不存在一成不变的人

北大箴言：

> 过去的自己所坚信的真相，现在竟成了错误；过去的自己所坚持的信条，现在也发生了变化。

> 别担心，这并非因为你年少无知、见识浅薄、不经世事。对当时的你而言，这样的想法是必要的；对当时那个层次的你来说，那是真相，也是信条。

很久不见的老朋友见面后却没有了当年的感觉，于是彼此唏嘘感慨："你变了。"

很好的朋友因为一件事发生歧见，他忽然对你说："看看你变成什么样子了！"

从刚进公司为大家端茶送水，任人随意差遣，到后来成为公司的高管，那些以前的好友会衷心地祝贺你，为你高兴，也会有人惺惺作态地对你说："你真的变了，以前的你不是这样子的。以前的你单纯美好，现在的你为了生意想尽办法、费尽心机，变得面目前非，我不认识你了。"

很多人不曾看见过程就武断地告诉你：你变了！

你在意吗？你觉得心酸吗？可是，世界总是在变化，而我们随着成长、成熟也在改变。或许，我们念念不忘、一直坚持的东西后来发现是错误的，或许我们曾经喜欢到偏执的感情到后来成了一种怀念，或许我们也变得与原来的自己渐行渐远……

世界上根本就不存在一成不变的人，静止是相对的。也许他们认为时间没有太大的变化，那是因为时间在跑，而我们也在跟时间赛跑，所以怎么可能没有改变呢？

已有90岁高龄的史密斯夫人在丈夫去世后双腿不再灵便，生活渐渐不能自理，但是她依然注重仪表。每天，她都是早晨6点半起床，8点钟前穿戴完毕，头发做成时髦的样式，精心化妆一番。

在住进敬老院的那一天，老人们的心情都显得很沉重。史密斯夫人耐心地在大厅等候了数小时，当有人告诉她，她的房间已经准备好的时候，她笑了，表情看起来很温和。

在前往房间的路上，护士温声细语地对史密斯夫人描述她的新房间，一张舒适的床、梳妆台、漂亮的窗帘……没等护士说完，史密斯夫人就开心地说："谢谢，我很喜欢我的房间。"

"可是史密斯夫人，您还没有看到您的房间……"

"这和看不看没有什么关系。"史密斯夫人回答，"我喜不喜欢这个房间其实在我看来，不在于它的格局和家具是怎样的，而是不管它怎么样，我都决定要喜欢它。这也是我每天早晨醒来后做的决定：假如我一再沉沦这些变化中跟不上节拍，每天都有很多事情让我一一感伤，我可以以泪洗面，琢磨着我身体的哪一部分又不灵便了，又给我带来了这样那样的困难，琢磨着那些已经离我而去的人，没有了他们我又该怎样悲伤。可是我不。我选择接受，每天睁开眼睛，我都会觉得活着是一种恩赐，我对每一个早上都心怀感激。不管我怎么变化，我还是很爱我自己和这个世界，不去想那些已发生在我身上的事情，而是专注于现在的事情，所以我很坦然。"

是的，也许你变得没有小时候可爱了，也许你变得没有读书的时候单纯了，也许你变得没有初入职场的时候青涩了，也许你变得没有恋爱的时候温柔体贴了……当你变得不再被自己所喜欢，变得世俗，变得不再健康，从此不再开心，难道就要不再接受自己了吗？

只要被赋予了生命，我们的身体机能每时每刻都在发生变化。疾病的突袭是变化,身体的强健也是变化;变得越来越漂亮是变化,变得越来越老也是变化。不管你如何抗拒,这些都是实实在在已经发生的变化,只有选择接受,学会面对,你才可以更好地生活。

所以,过去了的时间是回不来的,做过的事情也是回不来的,只要你对做的事情能得到自己的肯定,不后悔,就可以了。"你变了"没什么可怕,人总是在脱胎换骨、更新换代,不断朝新的人生迈进。

8.每一个无所事事的日子,都是对生命的辜负

北大箴言:

> 我们都太无聊了,以至于终日不知道该做些什么,该有什么样的小目标。你在每一个弹指一挥间浪费自己的时间,辜负自己的生命。

"好无聊啊!""真没意思,不知道干什么!"你是不是经常发出这些感叹?在说这些话的时候,你有没有为自己列一个表?有没有做过一道计算题?现在,让数字来告诉你——

假如一个人能活100年,睡眠30年,吃饭10年,穿衣梳洗打扮7年,走路旅游堵车7年,打电话1年半,打电话没人接1年零10个月,看电视4年,上网12年,找东西1年零8个月,购物1年半,成家后生育孩子去掉5年,闲谈70天,撸鼻涕、剪指甲8天,发呆25天,最后剩余时间为10年。这10年,我们如何过?

这么算下来,你还会嫌弃时间太多不知道做什么用吗?还会在那里感叹无聊吗?每一个无所事事的日子,都是对生命的辜负!尼采的这句话实在深入人心,令人深思。

岳飞在《满江红》里曾说过:"莫等闲,白了少年头,空悲切。"如果你总觉

得日子很无聊,只好靠去饭店、网吧、游戏厅、KTV等这些场所来打发,那你真的应该好好想一想,自己究竟为了什么活着?汪国真说:"这是一个古老而又总是富有新意的问题。我不知道别人为什么活着,我活着的目的很简单:不辜负生命。"

什么叫不辜负生命?珍惜时间就是不辜负生命。达尔文曾在给苏珊·达尔文的信中说:"一个竟会白白浪费一小时的人,不懂得生命的价值。"

一天,生病的达尔文坐在藤椅上晒太阳,面容憔悴,精神不振。一个年轻人路过达尔文的面前,当他知道面前这个衰弱的老人就是写了著名的《物种起源》等作品的达尔文时,不禁惊异地问道:"达尔文先生,您身体这样衰弱,常常生病,怎么能做出那么多事情呢?"达尔文回答说:"我从来不认为半小时是微不足道的很小的一段时间。"

在这个世界上,你真正拥有而且极度需要的只有时间。时间在生命中是如此重要,而许多人却日复一日地花费大量时间去做无聊的事。

丧失的财富可以通过厉兵秣马、东山再起而赚回;忘掉的知识可以通过卧薪尝胆、勤奋努力而复归;失去的健康可以通过合理的饮食和医疗保健来改善;唯有我们的时间,流失了就永远不会再回来,无法追寻。

法国著名科普作家凡尔纳每天早上5点钟就会起床,然后一直伏案写到晚上8点。在这15个小时中,他通常只在吃饭时休息片刻。但是他并不会与家人坐在一起吃饭,通常都是妻子将饭菜送到他写作的地方,他搓搓酸胀的手,拿起刀叉,以最快的速度填饱肚子,抹抹嘴,然后又拿起笔。

他的妻子看他如此辛苦,就非常心疼地问:"你写的书已经不少了,为什么还抓得那么紧?"凡尔纳笑着说:"你还记得莎士比亚的名言吗?放弃时间的人,时间也放弃他。哪能不抓紧呢?"

在40多年的写作生涯中,凡尔纳记了上万册笔记,写了104部科幻小说,共有七八百万字，这是一个相当惊人的数字！一些感到惊异的人悄悄地询问凡尔纳的妻子，想打听他取得如此惊人成就的秘诀。凡尔纳的妻子坦然地说："秘密嘛，就是凡尔纳从不放弃时间。"

富兰克林，美国著名的科学家，《独立宣言》的起草人之一。

曾经有人问他："您怎么能够做那么多的事情呢？"富兰克林笑笑说："你看一看我的时间表就知道了。"

5点起床，规划一天的事务，并自问："我这一天要做好什么事？"

8点至11点，工作。

12点至13点，阅读、吃午饭。

14点至17点，工作。

18点至21点，吃晚饭、谈话、娱乐、回顾一天的工作，并自问："我今天做好了什么事？"

朋友劝富兰克林说："天天如此，是不是过于……"

"你热爱生命吗？"富兰克林摆摆手，打断了朋友的谈话，说，"那么，别浪费时间，因为时间是组成生命的材料。"

生命有限，然而，大部分的人却活得单调乏味，过着俗不可耐的日子。有人说，活着的时候，最好能记住：死亡即将来到，而我们不知道它降临的确切时间。这能让我们随时保持警觉，提醒我们趁着机会还在，要珍惜每一分、每一秒。

如今，想想十年前的事情，仿佛就发生在昨天，十年一晃就过了，而我们的一生又有几个十年呢？你现在要做的事情很多，前进、跌倒、受伤……我们永远不会感到无聊，不会是一个无所事事、混迹生活的人。也许我们不能使时光流逝的脚步放慢，但是我们可以珍惜时间，不辜负这一回生命。

9.生命是这样短促,不能再顾及小事

北大箴言:

　　不要让自己因为一些应该丢开和忘记的小事烦心。回顾自己的一生,你将发现自己很少会因为做了某事而感到遗憾。恰恰相反,正是那些你所没有做的事情使你耿耿于怀。

　　人常常被困在有名和无名的忧烦之中。它一旦出现,人生的欢乐便不翼而飞,生活中便仿佛再没有了晴朗的天,真是吃饭不香、喝酒没味、干工作没劲、干事业没心,连玩儿都变得没意思了。这一切,只因为我们陷入了多余的忧烦之中。

　　法律界有一句名言:“法律不会去管那些小事情。”而有些人有时却偏偏为这些小事忧虑,始终得不到平静。

　　荷马·克罗伊,是个写过好几本书的作家。以前他写作的时候,常常被纽约公寓热水灯的响声吵得受不了。蒸汽会砰然作响,然后又是一阵呲呲的声音,而他会坐在他的书桌前气得直喘粗气。

　　“后来,”荷马·克罗伊说,“有一次我和几个朋友一起出去宿营,当我听到木柴烧得很响时,我突然想到:这些声音多像热水灯的响声,为什么我会喜欢这个声音,而讨厌那个声音呢?我回到家以后,跟自己说:‘火堆里木头的爆烈声是一种很好的声音,热水灯的声音也差不多,我该埋头大睡,不去理会这些噪音。’结果,我果然做到了。头几天我还会注意热水灯的声音,可是不久我就把它们整个忘了。”

　　“很多其他的小忧虑也是一样,我们不喜欢那些,结果弄得整个人很颓丧,只不过因为我们都夸张了那些小事的重要性。”

狄士雷里说过："生命太短促了，不能再只顾小事。"

"这些话，"安德烈·摩瑞斯在《本周》杂志里说："曾经帮我捱过很多痛苦的经验。我们常常让自己因为一些小事情、一些应该不屑一顾和忘了的小事情弄得非常心烦……我们活在这个世上只有短短的几十年，而我们浪费了很多不可能再补回来的时间，去愁一些在一年之内就会被所有人忘了的小事。不要这样，让我们把我们的生活只用在值得做的行动和感觉上，去运用伟大的思维，去经历真正的感情，去做必须做的事情。因为生命太短促了，不该再顾及那些小事。"

就像吉卜林这样有名的人，有时候也会忘了"生命是这样的短促，不能再顾及小事"。其结果呢？他和他的舅爷打了维尔蒙有史以来最有名的一场官司——这场官司打得有声有色，后来还有一本书记载着，书的名字是《吉卜林在维尔蒙的领地》。

吉卜林娶了一个维尔蒙地方的女孩子凯洛琳·巴里斯特，在维尔蒙的布拉陀布罗造了一间很漂亮的房子，并在那里定居下来，准备度过他的余生。他的舅爷比提·巴里斯特成了吉卜林最好的朋友，他们两个在一起工作，在一起游戏。

然后，吉卜林从巴里斯特手里买了一点地，事先协议好巴里斯特可以每一季在那块地上割草。有一天，巴里斯特发现吉卜林在那片草地上开了一个花园，他对此很生气，暴跳如雷，吉卜林也反唇相讥，弄得维尔蒙绿山上的天都变黑了。

几天之后，吉卜林骑着他的脚踏车出去玩的时候，他的舅爷突然驾着一辆马车从路的那边转过来，逼得吉卜林跌下了车子。而吉卜林这个曾经写过"众人皆醉，你应独醒"的人，却也昏了头，将巴里斯特给告了。接下去是一场很热闹的官司，大城市里的记者都挤到了这个小镇上来，新闻传遍了整个国家。这次争吵使得吉卜林和他的妻子永远离开了他们在法国的家。而这一切只不过是为了一件很小的小事：一车子干草。

下面是佛斯狄克博士所说过的故事里最有意思的一个——有关森林里的一个巨人在战争中怎样得胜、怎样失败的故事。

在科罗拉多州长山的山坡上，躺着一棵大树的残躯。自然学家告诉我们，它曾经有400多年的历史。初发芽的时候，哥伦布刚在美洲登陆，第一批移民到美国来的时候，它才长了一半大。在它漫长的生命里，曾经被闪电击过14次，400年来，无数的狂风暴雨侵袭过它，但它都战胜了它们。但是在最后，一小队甲虫攻击这棵树，使它倒在地上。那些甲虫从根部往里面咬，渐渐伤了树的元气。这样一个森林里的巨人，岁月不曾使它枯萎，闪电不曾将它击倒，狂风暴雨没有伤着它，却因一小队用大拇指和食指就可以捏死的小甲虫而倒了下来。

我们岂不都像森林中的那棵身经百战的大树吗？我们也经历过生命中无数狂风暴雨和闪电的打击，但都撑过来了，可我们的心却一直被忧虑的小甲虫咬噬着——那些用大拇指和食指就可以捏死的小甲虫。

要想解除忧虑与烦恼，记住规则："不要让自己因为一些小事烦心。"

第三课

人生就是一场权衡与取舍

你的选择可能是对的,也有可能是错的。当然,你面临的问题,你的抉择有可能起着关键作用,也有可能无关紧要。就像一道题,有可能是单选,也有可能是多选。因为人生有太多的可能性,所以就会有太多的选择。

——维特根斯坦(哲学家,数理逻辑学家,语言哲学的奠基人)

1.适当放弃,对不应得的不存非分之想

北大箴言:

不要悲观地感慨"不可兼得"的失去,要乐观地看到"失之东隅,收之桑榆"。

在人的一生中,会遇到许许多多的选择,无奈的是往往鱼和熊掌不可兼得。在把握命运的十字关口,你要审慎地运用自己的智慧,做出最正确的判断,放弃无谓的固执,冷静地用开放的心胸做出正确的选择。

一对师徒走在路上,徒弟发现前方有一块大石头,便皱着眉头停在了石头前面。

师父问他:"为什么不走了?"

徒弟苦着脸说:"这块石头挡着我的路,我走不过去了,怎么办?"

师父说:"路这么宽,你可以绕过去啊!"

徒弟回答道:"不,我不想绕,我就想要从这块石头上迈过去!"

师父:"你能做到吗?"

徒弟说:"我知道很难,但我就是要迈过去,我就要打倒这块大石头,我要战胜它!"

经过艰难的尝试,徒弟一次又一次地失败了。

最后徒弟很痛苦:"我连这块石头都不能战胜,又怎么能完成我伟大的理想?"

师父说:"你太执着了,对于做不到的事,不要盲目地坚持到底,要知道,有时坚持不如放弃。"

执着过了分,就成了固执。时刻留意自己执着的意念,是否与成功的法则相抵触?追求成功,并不意味着你必须全盘放弃自己的执着,而来迁就成功法则;你只需在意念上做合理的修正,使之符合成功者的经验及建议,即可走上成功的轻松之道。

一个人理智地放弃他无法实现的梦想,放弃盲目的追求,是人生目标的重新确立,也是自我调整、自我保护的最佳方案。学会放弃,给自己另辟一条新路,往往会柳暗花明。

他是个农民,但他从小的理想是当作家。为此,他一如既往地努力着。10年来,他坚持每天写作500字。每写完一篇,他都改了又改,精心地加工润色,然后再充满希望地寄往各地的报纸、杂志。遗憾的是,尽管他很用功,可他从来没有一篇文章得到过发表,甚至连一封退稿信都没有收到过。

29岁那年,他总算收到了第一封退稿信,那是一位他多年来一直坚持投稿的刊物的编辑寄来的。信里写道:"看得出你是一个很努力的青年,但我不得不遗憾地告诉你,你的知识面过于狭窄,生活经历也显得过于苍白,但我从你多年的来稿中发现,你的钢笔字越来越出色了。"

就是这封退稿信,点醒了他的困惑。他意识到,自己不应该对某些事过分坚持。他毅然放弃写作,而练起了钢笔书法,果然长进很快。现在,他已是小有名气的硬笔书法家。

就这样,他让理想转了一个弯,继而柳暗花明,走向了成功。成功之后的他曾向记者感叹:一个人要想成功,理想、勇气、毅力固然重要,但更重要的是,人生路上要懂得舍弃,更要懂得转弯!

如果你以相当的精力长期从事一项事业,但仍旧看不到一点进步,看不到一点成功的希望,那就不必浪费时间了,不要再无谓地消耗自己的力量,消磨自己的意志,而应该去寻找另一片沃土。目标是一种方向,需要恰当地选择。假如你的一个目标发生了问题,你应当马上更换一个目标,这样才能挖掘你自己。

放弃，并不是让你放弃既定的生活目标，放弃对事业的努力和追求，而是放弃那些已经力所不能及、不现实的目标。人在生活中需要不断作出选择，放弃也是一种选择。

放弃不是退缩和隐藏，而是教你如何在衡量自己的处境后有的放矢，聪明睿智地做出正确的选择。

当人执拗于某一方面，如金钱、名誉、地位或某项工作时，往往会表现为只专注于此，而不考虑其他的情况。无论是生活的哪个方面，总战术是"鱼与熊掌兼得"，什么都想要的人其实经常顾此失彼，甚至什么也得不到。在现实社会中，诱惑实在太多了，在诱惑面前，我们只有着眼于大局，把握自己不合理的欲望，适当放弃，对不应得的不存非分之想，才是明智的行为。

两千多年前，鲁国的大臣公仪休是一个嗜鱼如命的人。他被提任为宰相以后，鲁国各地有许多人争着给公仪休送鱼。可是，公仪休却正眼都不看，并命令管事人员不可接受。

他的弟弟看到那么多四面八方精选来的活鱼都被退了回去，很是可惜，就问他："哥哥你最喜欢吃鱼，现在却一条也不接受，这是为什么？"

公仪休很严肃地对弟弟说："正因为我爱吃鱼，所以才不接受这些人送的鱼。你以为那帮人是喜欢我、爱护我吗？不是。他们喜欢的是宰相手中的权力，希望这个权力能偏袒他们，压制别人，为他们办事。吃了他们的鱼，就要给他们办事，执法必然会有不公正的地方。不公正的事做多了，天长日久，哪能瞒得住人？宰相的官位就会被人撤掉。到那时，不管我多想吃鱼，他们也不会给我送来了，我也没有薪俸买鱼了。现在不接受他们的鱼，公公正正地办事，才能长远地吃鱼，靠人不如靠己呀！"

有一次，一个不知名的人偷偷往他家送了一些鱼，他无法退回，就把鱼挂在了家门口，直到几天后，鱼变得臭不可闻了，才把它们扔掉。从那以后，再也没有人敢给他送鱼了。

约束自己的得失之心,懂得为自己的所作所为负责,即使在无人知晓的情况下仍能自律的人,在人生道路上就能把握好自己的命运,不会越轨翻车。

放弃,未必就是怯懦无能的表现,未必就是遇难畏惧、临阵脱逃的借口。有时候,放弃恰恰是心灵高度的跨越,是睿智思索的最佳选择。

学会放弃,人生就会有一个更新、更高的目标。

2.以退为进是人生的要求,以舍求得是人生的智慧

北大箴言:

> 人生多有不测,我们所面临的事物很可能让我们左右为难,但是人生不测也正孕育着人生的变化和激动。所以,当我们面临难以抉择的事情时,不妨遵循一下"以退为进"的人生要求,尝试一下"以舍求得"的人生智慧。

商场如战场,商界的竞争硝烟弥漫,胜者为王,败者为寇。然而,胜败无定数,塞翁失马,焉知非福。运用"以退为进,以舍求得"的战术,最后收获到的往往是意料之外的喜讯。

可口可乐,美国的牌子,但是在中国却叫得倍儿响,一度引导中国碳酸饮料市场。这跟美国可口可乐公司以退为进的策略不无关系。

当初,为了打开中国市场,可口可乐公司以舍求得,向中国提供无偿的可乐灌装设备和低价的高质浓缩饮料……中国的市场慢慢被打开,人们越来越喜欢喝可口可乐,对可口可乐越来越爱不释手。就这样,中国饮料市场看到有钱可赚,就开始进行生产和销售活动,美国可口可乐公司的设备和原料

就此打开了销路,人们由尝试和被动转变为主动求购和求销。

渐渐地,美国的可口可乐风靡中国,生产企业不断增加,产品销量更是翻倍,价格也在不断调高,"天天可口可乐"的祝福成了人们挂在嘴边的口头禅。美国可口可乐公司高昂地吹响了"以退为进,以舍求得"的胜利号角。

新事物若想被人们接受,必须先给人们了解、接受的时间。在被人们了解的时候,必须要保持谦虚的态度,适时的退让是更高一筹的进攻。欲取之,必先予之;要想得到回报,必须有所付出。美国可口可乐公司如果在进发中国市场的时候高调出击,产品价格高昂,设备高价难求,它也许就不会那么容易被谨慎、节俭、保守的中国人接受,更不用说得到后来的大发展了。

其实,任何事情都如此。人生道路上,困难重重,但是有些人就是能够披荆斩棘。他们在做事情的时候,通常都能够正确地衡量事物得失,懂得进退、舍得之间的奥妙,将人生变得异彩纷呈,轻松快意之间受益良多。

诸葛亮深谙此道,将进退、舍得的计谋运用得淋漓尽致。

东汉末年,魏、蜀、吴三分天下。蜀汉大业建立以后,诸葛亮又定下北伐的计划,立志重兴汉室,聊以先帝刘备托孤抚邦遗愿。然而,正在这时,蜀国南方的西南夷部落酋长孟获却大局进犯蜀国,诸葛亮为了更好地实施北伐大计,决定先解决孟获这个后顾之忧。

孟获乃西南夷威高望重、影响力颇大的人,人又心高难服,若强取之,不仅难服孟获,西南夷人们也不会平定。所以,为了将西南夷真正平定,诸葛亮决定亲自出征。

蜀军主力到达南蛮之地后,首战泸水,诸葛亮大获全胜。他事先在山谷中埋下伏兵,将进入伏击圈的孟获生擒。而兵败的孟获如诸葛亮所料的那样并不心服,说胜败乃兵家常事,下次定能擒住诸葛亮。诸葛亮笑而不答,断然将孟获释放。孟获回到营地后,拖走了所有的船只,准备守泸水南岸阻击蜀军渡河,结果却被聪明的诸葛亮从其不设防的下流偷渡而过,而且还袭击了孟获的粮仓。孟获大怒,要惩罚自己的将士,却激起了将士的不服。将士相约投降,趁孟获不注意的时候,将他捆绑,拉赴蜀营。可是,孟获仍然不服,于是诸葛亮又将其释放。后来,孟获又想了很多计谋,诈降、毒泉、野兽战、藤甲兵等,但都屡屡被破、被擒。前前后后,诸葛亮生擒孟获七次。然而,却七次都把人释放了,终于感动了孟获,令孟获誓不再反。成功平定西南夷后,诸葛亮得以安心进行北伐大业。

诸葛亮七擒七纵,并非儿戏,正是他知道"以退为进,以舍求得"的效果更好。

如果他按照兵家战争规律,首战擒获孟获就可以溃其大军,打败西南夷军队。但是,这样并不能真正地达到平定西南的目的。孟获心有不服,定会设计作祟,致使内外不安;西南人民不服,定会设法营救其主,毕竟孟获在南方夷部威望极高;俘获了孟获,西南还有其他小部落,这些部落主很可能会成为下一个孟获,蜀地西南仍然不能安定。而七擒七纵孟获,不仅降服了孟获,还平定了西南夷,孟获不反,西南夷的其他人更是不会反。平定孟获,其实就相当于平定了西南夷的全部部落,这样才能够真正做到后方无忧。

诸葛亮的舍得艺术运用得相当高明,他所得到的也比用直接方式求得的多。

人生也是如此,我们应该将眼光放远,更多地看到前方的风景。若耐得住性子,淡然看"舍",我们得到的将会更多。

其实,"退"并非真的退后,"舍"并非真的舍弃。进退、舍得无定数,它们之间角色转化得常常让人咋舌。

所以,想前进的时候可以适当先退一下,在索求的时候不妨大度地先舍弃一些。这样做了以后,你会发现,你前进的速度远远弥补了你退后所用的时间,你得到的内容大大多出了你所失去的东西。当然,你在这样做的时候,还会得到更多你意想不到的东西,比如说豁然开朗的快乐、灵活变通的感悟。

3.战胜患得患失,不怕输才能更好地赢

　　在日常生活中,人们常常会犯患得患失的错误。面对一个机会,明明是平日里非常想要得到的,但是在难得的机会面前,我们却逃避了,害怕了,不想承担,完全忘记了自己以往渴望的苦闷,既不能坦然面对"失",又不能豁然正视"得"。

　　《圣经》中有一个约拿的故事。约拿是一个非常虔诚的基督徒,他一直都希望可以得到神的重用。然而,上帝却好像忽视了他,一直没有给他任务。为此,约拿常常觉得怅然若失。一天,上帝终于满足了约拿的愿望,给了约拿一个任务,让他去宣布赦免一座本来要被毁灭的城市尼尼微城。可是,对于这个崇高而且是自己一直都想要得到的使命,约拿却害怕、犹豫了,他觉得自己不行,他没有信心扛起这个一直都想得到的"心愿"。于是,约拿逃跑了,他放弃了这个任务,抗拒他一直都敬仰的神所安排的任务。上帝到处寻找他,惩戒他,不断地唤醒他⋯⋯约拿几经反复和思考,终于战胜了心中的矛盾,出色

地完成了任务。

在现实生活中,或许我们也会像约拿那样,不能坦然地看待事情。我们总是太在意事情外在的东西,过多地沉浸在自己的内心世界,肆意驰骋,纵使已经和现实脱轨,也不愿走出来,不愿正视事实。纵使我们知道自己的这种心理是不正确的,却也无法战胜。我们就和约拿一样,既害怕得不到,也害怕得到。

当然,约拿最终战胜了自己的畏惧心理,战胜了自己患得患失的心理,取得了成功。所以,我们也可以丢掉自己患得患失的心理包袱,勇敢地面对人生世事。

只要摆正自己的位置,忠于内心的声音,患得患失就将不复存在。

从前,有一个名叫后羿的人,他箭法精准,能够百步穿杨,而且不管是立射、跪射还是骑射,他的箭几乎从没偏离过靶心。人们都非常佩服他,他神射手的名声就传到了夏王的耳朵里。

一天,夏王将后羿召进宫中,想亲眼看看他的精彩表演。后羿被带到了夏王御花园的开阔地,那里设有一个一尺见方、靶心直径一寸的兽皮箭靶。

这对后羿来说根本不算什么。可是,就在后羿准备射箭的时候,夏王说:"为了给这次表演增加一点竞争气氛,我来给你定个赏罚规则。如果先生能够射中,我就赏赐你万两黄金;但是如果你射不中,那就会减你一千户封地。"话毕,往日沉稳、镇定的后羿发生了几分变化,脸色凝重,心慌意乱。他沉重地取出一支箭,犹豫上弓,慢慢举起,摆好姿势,拉弓,瞄准。可是,后羿却良久不射,想到自己这一箭的关键性,他拉弓的手也变得不自信了,微微颤抖;瞄准的眼睛也不够闪亮,怅然失神;原本坚定的心也开始摇摆,乱了节奏……

"啪"的一声,后羿失手了,箭离靶心几寸远,糟透了。第二箭,更是偏得离谱!后羿勉强赔笑,告辞离宫,心中无限失落。

夏王也非常失望,本想欣赏百步穿杨的精彩画面,谁知后羿的表现却大失水准。

夏王的大臣解释道:"后羿平日射箭,随心而射,一颗平常心让他百发百中。可是,今天他的行为却攸关切身利益,所以影响了神射的技术。看来,人只有真正将外在利益看淡,才可成为名副其实的神射手啊!"

这个故事其实就是现实的映照。当我们面临对自己非常重要的事物时,通常都会因为过分在意结果而导致不能发挥出平日应有的水平,甚至大失水准。

患得患失既是一个人成功的大忌,也是一个人幸福生活的大忌。一旦我们产生患得患失的心理,就会忧心忡忡,不知所措;一旦我们产生患得患失的心理,就不可能用平常心对待,这样当然难有所为。

人常说:输得起,放得下,人生路才能走得更好,才能更快乐。

拥有了输得起的心态,你就能淡看一切,一心一意地做自己的事情,如此,输了也不怕,输了也可以站起来。现任国家射击队总教练的王义夫曾说:"我们都是在成败的反复交替当中成长起来的。我输得起,输得起就赢得起。"

人生就像一场博弈,只有输得起的人才敢于挑战精彩的人生,才不会畏手畏脚地对待成败,才能够承受来自各方面的压力,才能够更从容地应对一切,保持清醒的头脑,不管是面临挑战还是面对失败,都可以"赢"得人生。

在比赛场上,如果输赢心思太重,就会影响发挥,让人变得缩手缩脚、心理失衡,这样很难取得好成绩。赛场上,比的不光是你的技术,还有你的心态。越是渴望胜利,越是赢不了。输不起的人,永远也不能潇洒地赢。

2004年雅典奥运会,由于李小鹏脚上有伤,中国男子体操队小将均被委以重任。滕海滨就是其中之一,他像前辈扬威一样担任了4项重要的任务。可能是由于压力过大，得失心太重，滕海滨在自己的前3个项目中每每失误，造成了严重的后果，使中国男子体操团队卫冕冠军无望。面对记者的采访，滕海滨显得非常无奈和黯然神伤，他也深深自责地说道："我一个人的失误导致了整个团体的失败，使我们团体4年的努力付诸东流，我感觉很对不起他们。"

看到重压下的队员，教练黄玉斌没有责怪什么，因为他懂得滕海滨的失误是由多种原因造成的，其中最重要还是因为他的好心办坏事：太想成功，太想弥补前一场的失误。于是，教练想方设法帮他调整心态，费尽心机帮他走出"输"的阴影。最终，滕海滨不负所望，恢复了信心和平常心，潇洒、利落地完成了第4项鞍马比赛。由于他整套动作完美流畅，征服了裁判，得到了9.837的高分，超过了3届世锦赛冠军罗马尼亚老将乌兹卡，得到了他体操生涯中的第一块奥运金牌，也是中国体操队在雅典奥运会上的第一块金牌。据悉，帮助滕海滨走出失误、自责阴影和建立无穷信心的法宝是教练无限重要的3个字：放开打。

是的，放开打。当我们太看重得失，就会走入心理误区和状态死角，很难潇洒自如地做事情，冷静地思考问题，专心地做自己，这样，我们要面临的就一定是失败。但是，失败并不是真正的结果。世间事有结果，也没有结果。漫漫人生路，我们不能够沉浸在失败的阴影中不能自拔。面对比赛时，平常心就好；当我们输了，不要再输就好。只有我们拥有输得起的精神，才能不被打倒。

"怕什么，来什么。"或许就是这个道理。因此要时刻记住：不怕输，才能够更好地赢。勇敢地面对"患得患失"，并想方设法克服它，只有这样，你才能有所作为！

4.放下仇恨,心宽才能天地宽

北大箴言:

培根在《论复仇》中写道:"一个人如果念念不忘复仇,就是把自己的伤口常使其如新。"是的,复仇就像往自己的伤口上撒盐,让自己不断体味当时的痛苦。

仇恨非但不能抚平我们曾经受到的创伤,反而会让我们整日沉浸在痛苦的深渊里,无法自拔。如果憎恨的情绪持续在心里发酵,我们的生活会变得一团糟,甚至有时会做出极端的行为去报复,从而造成无法挽回的过错。

"冤冤相报何时了,得饶人处且饶人。"如果我们能放下仇恨,忘记曾经的不幸,用宽容的态度来对待曾经伤害过我们的人,就可以防止伤害继续扩大,我们的生活状态也会变得轻松很多。

古希腊神话中有这样一则故事:

一个行人在路上走着,不经意地踢起了路边一个小球,哪知这小球越踢越大。行人顿时觉得非常蹊跷,就不断地踢,最后,这个小球居然一直膨胀,直至顶天立地。行人畏惧不已,不知道这个小球是何妖魔。

这时,雅典娜女神出现了,告诉他,这个小球叫作"仇恨"。如果你不去碰它,它会一直待在那里,安然无事;但如若它遇到不断的撞击,就会加剧膨胀,一发而不可收。

仇恨的"小魔球"并不是躺在你成长的路边,而是藏在你心中。每当你看到一件让你觉得可恨的事情,心中的小魔球就会疯了似的膨胀,直至膨胀到堵塞了你的心灵天空,最终爆炸,伤人伤己。

宽恕不仅仅是对别人包容,更可以使自己得到解脱。我们没必要为了惩罚对方,而让自己沦为一名心灵被俘虏的囚犯。

有3位前美军士兵站在华盛顿的越战纪念碑前,其中一个问道:"你已经宽恕了那些抓你做俘虏的人吗?"第二个士兵回答:"我永远不会宽恕他们。"第三个士兵评论说:"这样,你仍然是一个囚徒!"

显然,第二个士兵还没有放弃心中的仇恨,这些仇恨还在他心中折磨着他。

其实,不宽恕别人就是不放过自己。拒绝宽恕一种罪恶,因为,谁敢说如果再有一次这样的战争,第二个士兵不会用同样的方法对待敌人呢?拒绝宽恕罪恶,只会导致罪恶延续下去,从而造成更多的伤害。

大多数人都认为,每个人都应该为自己所犯的错误付出代价,否则,岂不是便宜了犯错的一方?然而,对过去的伤害念念不忘,实际上是在延续伤痛,并不能把我们从伤害的阴影中解救出来,而痛苦却像魔鬼一般,总是和我们如影随形。避免痛苦的最好方法,就是宽恕曾经伤害我们的人。

热带海洋中有一种奇异的鱼,名叫紫斑鱼。紫斑鱼的奇异之处就在它遍布全身的针尖似的毒刺上:在它攻击其他鱼类时,它越是"愤怒",越是满怀"仇恨",它身上的毒刺就越坚硬,毒性就越大,对受攻击的鱼类伤害也就越深;但同时,它越是"愤怒",越是满怀"仇恨",它的毒刺攻击得越毒越狠,对别的鱼类伤害越深,对自己的伤害也就越深,因为它心中的"怒火"在烧毁别人的同时,也烧到了自己,使自己五脏俱焚,一命呜呼。

世间万物,被自己所伤的,自己败给自己的,又岂止只有紫斑鱼呢?那些总是满怀仇恨的人,那仇恨之火不也在伤害他们自己、毁灭他们自己吗?

面对你的爱人、亲人、朋友,甚至你的邻居、你在路上遇见的一个陌生人,当他们伤害了你,如果你怒不可遏地面对他们,只能让你满肚子怨气。

但如果你能用平和的语气、真挚的言语,微笑对待他们的过失,你就能拥有一颗豁达、开阔的心。当你用一颗真诚善良的心去对待他们的过错时,你内心的伤痕也将慢慢抚平,你将得到快乐。

　　原谅别人的过错是不容易的,但有时你计较得越多,失去的也就越多。只有宽容对待,才能将自己心上的伤痕抚平,不去计较,才能坦然面对。因为事已至此,再怎么仇视愤恨都无济于事,只有宽容才是让你重新释怀的路径。

5.嫉妒是你人生最大的隐形威胁

北大箴言:

　　在人类的各种情感中,爱情与嫉妒无疑是最蛊惑人心的。这两种感情都能激发出人强烈的欲望,使人产生虚幻的意象。

　　何谓嫉妒?心理学家认为,嫉妒是由于自己的才能、名誉、地位或境遇被他人超越,或彼此距离缩短时,所产生的一种由羞愧、愤怒、怨恨等组成的情绪体验,是心胸狭窄的共同心理表现。哲学家黑格尔说:"嫉妒乃平庸的情调对于卓越才能的反感。"

　　两只老鹰,一只飞得很快,一只飞得很慢。飞得慢的那只老鹰,非常嫉妒那只飞得快的。

　　一次,飞得慢的老鹰对一个猎人说:"前面有只飞得很快的鹰,你快去用箭射死它。"

　　猎人说:"可以,只是我的箭上缺少一根羽毛,能不能拔下你身上的一根?"

　　这只老鹰说:"没问题!"于是,它就拔下了一根丢给猎人,但猎人并没有射中那只飞得快的鹰。

猎人说:"再拔一根来如何?"

老鹰说:"好!"于是又拔了一根,但猎人还是失败了。

就这样,一箭一箭地射去,鹰毛也一根一根地拔下。最后,它自己身上的羽毛都被拔完了,不能再飞,被那位猎人给捉走了。

嫉妒之心会扭曲人的心灵,改变人的心态。当嫉妒严重时,人就会费尽心思地算计别人,千方百计地挤兑别人,用尽心机地迫害别人。嫉妒之心会让人不择手段、卑鄙无耻,心灵会变得肮脏不堪,看不得别人比自己好。渐渐地,嫉妒之心就会变成罪恶之心,使人乐于把自己的快乐建立在别人的痛苦之上,把别人搞得声名狼藉、一败涂地,而自己则在那里扬扬得意。

姜欣在大学毕业后,顺利地考上了公务员,不久与在机关单位工作的同事结了婚。两个都是端铁饭碗的小夫妻,让人羡慕不已。

可是,在一天逛街的时候,姜欣遇见了大学同学梅芳芳,她开始觉得不快乐了。在学校的时候,姜欣跟梅芳芳关系不错,两人条件差不多,成绩也不相上下,但毕业后就渐渐地失去了联系。

这次,她看到的梅芳芳今非昔比,她开着自己的宝马车,戴着一副墨镜,样子很优雅。本来自我感觉良好的姜欣,心里突然感觉酸酸的。

接下来,又一次无意中,她在购物中心碰到了梅芳芳,当时,她正在试穿一件裘皮大衣。那件衣服典雅大方,但无论是工艺、材质还是价格,都是姜欣可望而不可及的。"给我包起来吧,试过的衣服,我都要了!"姜欣进去跟她打招呼的时候,正碰上梅芳芳这样对店员说。姜欣被深深地打击到了。

随后,梅芳芳邀请她去家中做客,姜欣拒绝了。因为她总觉得自己在梅芳芳面前,有一种抬不起头的感觉。

回家后,她越想越不是滋味,本来大家都在同一起跑线上,现在却有着天壤之别,沮丧、烦恼、失落突然间占据了她的心。

接下来的日子里,姜欣的眼前总有梅芳芳的影子,她也不知道自己为什么突然变得对梅芳芳的隐私特别感兴趣。终于,她发现了一条令自己很得意的线索:梅芳芳以前被一个已婚的台湾商人包养过,由于商人的妻子大打出手,便结束了包养关系,现在做生意的这些资本估计是那个时候的补偿费。

从此以后,只要见到大学的同学,姜欣都会很热衷地把自己对梅芳芳的分析讲给同学们听,甚至恶语中伤:"她有什么可神气的,不就是把自己卖了,挣了点儿钱吗?"

一时间,关于梅芳芳的流言在同学之间传开了。每当姜欣听到这些流言的时候,就会感觉心里平衡了很多。

一些人之所以嫉妒别人,一个重要原因是自己不求上进,又怕别人超过自己,似乎别人成功就意味着自己失败,最好大家都成矮子,才能显出自己高大。这种心态是十分有害的精神腐蚀剂,这些人的骨子里充满了"怠"与"忌",无论对己、对他人、对社会的发展都是十分有害的。正如荀子所说:"士有妒友,则贤交不亲;君有妒臣,则贤人不至。"

莎士比亚说过:"您要留心嫉妒啊,那是一个绿眼的妖魔!"嫉妒是损人不利己或者损人又损己的恶魔,它的存在是你人生成功路上的一大威胁。

我们必须时刻控制自己心中的妒意抬头,注意克服嫉妒之心,使自己不至成为妒性操纵下的害人者和被害者。当嫉妒心理萌发时,我们要正确认识自己,客观、冷静地分析自己的不足和别人的长处,找出差距和问题,积极主动地调整自己的意识和行为。

6.选择懒惰的人,将永远都逃不掉厄运

北大箴言:

　　懒惰行为让我们总是与成功擦肩而过,因此,必须要舍弃它。舍弃懒惰后,你便会发现,踏踏实实地实现自己的人生目标,是人生最大的乐趣,是走向成功的关键。

　　懒惰,是指一个人在工作、学习或生活上不思进取,该做的事情不想做,不懂得超越自我。懒惰是一种心理上的厌倦情绪,表现形式有很多种,如极端的懒散状态和轻微的犹豫不决。此外,嫉妒、羞怯等一切不良心理也都会引起懒惰,使人无法按照自己的愿望进行活动。

　　山脚下有一堵石崖,崖上有一道缝,寒号鸟将这道缝当成了自己的窝。在石崖的前面,有一条小河,河上有一棵大杨树,杨树上住着一只喜鹊。就这样,寒号鸟和喜鹊面对面住着,成了邻居。

　　几阵秋风,树叶落尽,冬天就要到了。一天,天气晴朗,喜鹊一大早就飞了出去,东寻西找,衔了一些枯枝回来,准备重新垒巢,迎接冬天。寒号鸟却整天飞出去玩,累了就回来睡觉。喜鹊见后,说道:"寒号鸟,别睡觉了,趁着好天气,赶快把窝垒一垒吧。"寒号鸟不听劝告,还很不耐烦地说:"哎呀,你不要吵,太阳这么好,正适合睡觉。"

　　过了不久,冬天到了,寒风呼呼地刮着。喜鹊住在温暖的窝里,而寒号鸟却在崖缝里冻得直哆嗦,口中还悲哀地叫着:"哆罗罗,哆罗罗,寒风冻死我,明天就垒窝。"第二天早上,风停了,太阳也暖洋洋的,喜鹊又对寒号鸟说:"趁着天好,赶快垒窝吧。"寒号鸟却依然不听劝告,伸伸懒腰,又睡觉了。

　　寒冬腊月,大雪纷飞,漫山遍野一片白色。北风剧烈地刮着,河里的水也

结了冰，崖缝里冷得像冰窖一样。就在这寒冷的夜里，喜鹊在温暖的窝里熟睡，寒号鸟又发出了最后的哀号："哆啰啰，哆啰啰，寒风冻死我，明天就垒窝。"

等到天亮后，阳光普照大地。喜鹊在枝头呼唤着寒号鸟，而可怜的寒号鸟却已经在半夜冻死了。

故事中的寒号鸟就是因为懒惰而将自己的生命葬送在了寒冷的冬天。可以说，懒惰是一种极有害的精神病毒，当一个人有很严重的惰性时，便会无精打采、死气沉沉，没有竞争意识，整个生活都枯燥无味。若不及时克服，后果是很严重的。

路边生活着两只青蛙，一黄一绿。绿青蛙常常会到稻田里觅食害虫，而黄青蛙却总是悠闲地躲在路边的草丛中闭目养神。

一天，黄青蛙正在睡觉，突然听到外边有声音在叫："老弟，老弟。"它懒洋洋地睁开眼睛，发现是田里的绿青蛙。绿青蛙关切地说道："你在这里太危险了，搬过来跟我住吧。到田里来，每天都可以吃到昆虫，不仅能填饱肚子，还能为庄稼除害，况且也不会有什么危险。"黄青蛙很不耐烦地说："我在这里都已经习惯了，干吗要搬到田里？我懒得动。更何况，路边也一样有昆虫吃。"绿青蛙听后，无奈地走了。过了几天，它又去探望黄青蛙，却发现对方已经被车子轧死了。

其实，很多灾难和不测都是因我们的懒惰或其他不良行为造成的。对于那些只是举手之劳的事情，我们却总是不愿为之，然而，也正因为此，我们往往要为自己的懒惰付出惨重的代价。命运是掌握在自己手里的，选择勤劳，便可以获得幸福；选择懒惰，将永远都逃不掉厄运。这也正告诉了我们一个道理：懒惰是人生成功和幸福的大敌。

惰性在每个人身上都或多或少地存在着。面对惰性行为，有些人浑浑噩噩,认识不到这是懒惰;也有些人寄希望于明日,总是幻想着美好的未来;还有些人想要克服这种行为,但总是不知道该从何处下手,因而得过且过,日复一日。

克服懒惰,正如克服其他坏毛病一样,是一件很困难的事情。但是,只要你决心舍弃懒惰,在生活、工作、学习中能够做到持之以恒,那么,灿烂的未来必将属于你。

7.舍弃过多的想法,培养自己的决断能力

北大箴言:

当一个人年轻时,谁没有空想过?谁没有幻想过?想入非非是青春的标志。但是,我的青年朋友们,请记住,人总归是要长大的。天地如此广阔,世界如此美好,你们不仅需要一对幻想的翅膀,更需要一双稳健迈步的脚!

许多人在采取重大行动前,总是想要考虑得面面俱到。

其实,在做决定之前,不必想太多,只需想两件事:一是这件事的价值是否是你需要的;二是这件事的最坏结果是否你能承担的。只要确定有好处并能承担最坏结果,你就可大胆决断。

很多人都认为马云的成功在于他敏锐地发现了互联网时代的到来,不过是提前登上了那条驶向黄金岛的大船。其实,他的成功不在于他如何的敏锐,而在于他的闯劲。

马云现在以互联网精英而闻名,可他一开始却对电脑一窍不通! 1995年初,他偶然去美国,首次接触到互联网,敏感的他意识到:互联网必将改变世

界！随即，他的脑海里迸发出了一个不安分的想法：做一个帮所有企业收集资料，向全世界发布的网站！

一个远大的理想产生了，这是一个即将改变世界的理想，马云为发现它而欣喜不已，并决定立刻向着它前进。他放弃了杭州十大杰出青年教师的荣誉和稳定的教师职业，毅然下海。

在当时的中国，互联网少有人问津，马云的家人强烈反对马云的想法，认为这非常不靠谱。可是马云却坚持了下来，并且脚踏实地地去为理想而奋斗。

1995年4月，马云和妻子，再加上一个朋友，凑了两万块钱，专门给企业做主页，网站取名"中国黄页"，是中国最早的互联网公司之一。马云的先见之明为他带来了丰厚的利润。不到3年，他就轻轻松松赚了500万元利润，并在国内打开了市场，有了较高的知名度。

马云的成功不可谓不风光，可这都是他一步步走出来的，而不是空想出来的。也许有人会挑刺说，他赶上了好的机遇。可是当时知道互联网的人不止他一个，却只有他敢想，并且敢做。机遇只属于敢于实现梦想、敢于行动的人。他在确定了自己的理想后，就立刻放弃了原有的职业和不错的收入，马上投入到了实现理想的实践中去，这并不是谁都做得到的。

你想得越多，顾虑就越多；什么都不想，反而能一往直前；你害怕得越多，困难就越多，什么都不怕，一切反而没那么难。别害怕，别顾虑，想到就去做。这世界就是这样，当你不敢去实现梦想的时候，梦想会离你越来越远；当你勇敢地去追梦的时候，全世界都会来帮你。

1997年7月，日本索尼公司的几名音响技术人员出于好奇，把本公司的便携式口述录音机改装成了一台四轨立体声录音机，再配上一副普通的耳机，竟产生了他们意想不到的效果：录下的声音听起来十分悦耳。

这一新的发现很快传到了公司董事长盛田昭夫的耳朵里，他相信，这种新商品一定有销路。于是，他立即将这一想法付诸实践。他召集工程师们开会,说明用意,要求他们把商品名称叫"记者"的高性能盒式磁带录音机的录音部分和扩音器取下,换上立体声的增幅器,开发一种袖珍型单放机。

但在新产品开发计划会议上,竟然没有人赞成他的主张。大多数人的理由是"谁也不会买没有录音部分的单放机"。盛田反驳说:"那么多人在汽车里安装了没有录音装置的立体声播放机。因此,这种产品肯定会有销路。"这番话显然没有说服技术人员们。但是,既然是企业最高领导人的业务命令,他们也只好照办。

结果不出盛田所料,这个新产品一上市,便立即成为年轻消费者的宠爱之物,并且很快风靡全球。

比尔·盖茨在2007年哈佛大学毕业典礼上讲,他当初创业,就是坚定地认准目标,并矢志不渝、锲而不舍。他一针见血地指出,不要让这个世界的复杂性阻碍你前进,要勇敢地成为一个行动主义者。

如果你连小事都犹豫不决,难以作出决心并为此而痛苦,害怕做出错误的选择,那你就要记住:犹豫不决几乎是你会犯的最坏的错误。如果你选择一项看起来比较好的方案,充满信心地宣布出来,并且全速实行,你所得到的结果通常要比长期为难地下决定好得多。

"机不可失,时不再来",这是任何人都明白的道理。成功学创始人拿破仑·希尔说过:"生活如同一盘棋,你的对手是时间,假如你行动前犹豫不决,或拖延地行动,你将因时间过长而痛失这盘棋,你的对手是不允许你犹豫不决的!"

北大哲人指出:"现在有很多年轻的朋友,非常想改变目前的生活状况,想通过跳槽或创业来实现自己的梦想。但是想归想,却始终不敢迈出第一步,每天依然在原地转圈子,去重复自己不喜欢的工作。就这样日复一日,等到年龄大了,更不敢轻易地放下既有的生活了。"

再没有什么坏习惯比拖延更为有害的了,更没有什么坏习惯比拖延更能使人懈怠,减弱人们做事的能力的了。"明日复明日,明日何其多。我生待明日,万事成蹉跎。"拖延,就在这不经意间偷走了我们的时间。任何憧憬、理想和计划都会在拖延中落空,任何机会都会在拖延中与你擦肩而过。

记住,世上没有任何事情比下决心、立即行动更为重要。因为人的一生,可以有所作为的时机只有一次,那就是现在。

8.要"有所为",更要学会"有所不为"

北大箴言:

有位哲人曾说:"人一生做好一件事很关键。"确实如此,我们只有一双手,所以,我们应该去抓该抓的、值得抓的东西,这就是要切实做到"有所为、有所不为"。什么都想要得到,结果会是什么都得不到。

北大哲人指出:"要知道自己最擅长什么,能做什么,做什么最好,然后再一如既往地专注下去。只有学会有所为、有所不为,知难易,懂进退,才能拥有成功,才能使人生更美好。"

从前,有一位年轻人,他工作非常刻苦,但却收效甚微,为此,他非常苦恼。

一天,他去拜访昆虫学家法布尔,闷闷不乐地说道:"我一直都不知疲倦地把自己全部的精力花在事业上,但收获却总是很少。"

法布尔赞许地说道:"看来你是一个乐于献身科学的青年。"

年轻人说:"是啊,我既热爱文学,又热爱科学,同时,我对音乐和美术也有很大的兴趣,为此,我把时间全部都用上了。"

法布尔听后,微笑着从口袋里拿出了一块凸透镜,让年轻人注意观察。年轻人发现：当凸透镜光集中在一张纸上一个点的时候,这张纸很快就会被点燃。

接着,法布尔对迷惘的年轻人说:"试着把你的精力集中到一个点上,就像这块凸透镜一样。"

年轻人恍然大悟,从中受到了很大的启发。

每个人的精力都是有限的,有所不为,才能有所作为,只有把有限的精力集中到一点上,才能干出一番大事业。

纵观历史,我们不难发现,那些成大事者都能在目标与行为上做出正确的选择。如果事无巨细,事必躬亲,必定会使自己陷入忙碌之中,成为碌碌无为的人。所以,想要有所为,就必须有所不为,班超投笔从戎,鲁迅弃医从文……这些都是"改换门庭"后大放异彩的楷模。由此可知,如果能够审时度势、扬长避短,既是一种理性的行为,也不失为一种豁达之举。

1957年,松下毅然放弃了研究多年的大型计算机项目。这个消息一传出,让所有的人都感到震惊。因为当时松下已经对此投资了约15亿日元,而他们的两台样机经过试用十分先进,很快就能大规模投入生产,推向市场。那么,松下为何要放弃这样一个已经接近成功的项目呢?

在松下放弃这项研究前,美国大通银行的副总裁曾到松下访问,谈话中提到了电子计算机。当副总裁听到日本目前共有7家公司生产电子计算机时,吓了一跳。他说:"在我们银行贷款的客户当中,大部分的电子计算机部门的经营似乎都不顺利,而且他们之所以能够生存下去,完全是依靠其他部门的财力支持,几乎所有的计算机部门都面临着赤字。就拿美国的现状来说,除了IBM公司以外,其他的公司都在慢慢紧缩对计算机的投入。而日本竟然有7家这样的公司,未免太多了一点。"副总裁离开后,松下仔细考虑了一下,决定从大型计算机上撤退。因为松下的大型计算机项目还需要投入近300亿日元,如果现在放弃,虽然会损失15亿日元,却能避免今后300亿日元的损失。正是这个决定,使松下更加专注于对电器和通信事业的发展,最终使集团成为电器王国的领头羊。

松下就是"有所为、有所不为"的典范。"有所不为"可以让企业轻装上阵,更加理性地进行盈利模式的选择、项目选择以及制度选择,是企业战略的重要工具。只有"有所不为",才能更加专注于"可为"之事,在无形中达到"有所不为,才能有所为"的境界。

古人曰:"欲多则心散,心散则志衰,志衰则思不达。"的确,人的精力毕竟有限,往往穷尽全力也难以掘得真金。世界上最大的浪费,就是把宝贵的精力无谓地分散在许多事情上,而"有所不为"就是为了更好地专注。

9.假如你失去了勇敢,你就失去了一切

歌德有句名言:"假如你失去了财产,你只失去了一点;假如你失去了荣誉,你就失去了许多;但是假如你失去了勇敢,那么你就失去了一切。"

当你遇上害怕的事情时,只要敢试一试,就会觉得并没有什么,也没有你原先想象的那么可怕。

怕了一辈子鬼的人,一辈子也没见过鬼,对鬼的恐惧其实都是自己吓唬自己。不少人碰到棘手的问题时,总是习惯性地设想出许多莫须有的困难,这自然就产生了恐惧感。其实,遇事只要大着胆子去干,你就会发现,事情并没有自己想象的那么可怕。

有时候,我们不敢学外语,不敢学小提琴,不敢下水学游泳,不敢在课堂

上提问,不敢上台讲演,明知这件事不对也不敢说个"不"字。这种种不敢,其实都是我们自己给自己设下的无形障碍!也正是这种无中生有的无形障碍,使我们裹足不前,让我们错过了许多本来应该去做,而且能够做好的事。

所谓的恐惧心理,是指在真实或想象的危险中,个人内心处在一个受到强烈压迫的感情状态,多数是自己给自己附加的心理负担。

不少人都玩过蹦极的游戏,在跳下去之前,每个人都心存恐惧,可是在你一闭眼、一狠心跳下去之后,会发现虽然很刺激,但也很安全,并不像自己当初想的那样可怕。生活中也一样,如果你能够尝试着向前走,不被艰难和黑暗吓倒,你就会发现,其实并没有那么可怕。

《孙子兵法》有云:"千千为敌,一夫胜之,未若自胜,为战中上。"意思是说,面对着千军万马,一个人就能战胜,那么这个人自然是猛将,但是一个可以战胜自己的人,他一定会是元帅。的确,人生最大的敌人就是我们自己,只要能够战胜自己内心的恐惧和胆怯,我们就能百战不殆,获得真正的成功。

其实,人人都是天生的冒险家。根据研究指出,人类从出生到5岁之间,即生命开始的前5年,是冒险最多的阶段,学习的能力远胜于往后数十年。试想,一个不到5岁的幼儿,整天置身于从未经历过的环境中,要不断地自我尝试,学习如何站立、走路、说话、吃饭等。这个阶段的幼儿,无视跌倒、受伤,一切冒险皆视为理所当然,也因为如此,他们才能逐渐茁壮成长。反而是当一个人年纪越大,经历过越多事情之后,却变得越来越胆小,越来越不敢尝试冒险。这是为什么?

因为在不断的尝试后,大多数人会根据过往的经验得知,怎么做是安全的,怎么做是危险的。如果贸然从事不熟悉的事,很可能会对自己产生莫大的威胁。所以,年纪越大的人通常越讨厌改变,喜欢安于现状,因为这样比较安全。

行为学家把这种心态称为"稳定的恐惧",意思是说,因为害怕失败,所以恐惧冒险,结果"观望"了一辈子,始终得不到自己想要的东西。殊不知,凡是值得做的事,多少都带有一些风险。

万事开头难,一定不要被这第一步吓倒,越看似不可能的事,你越胆怯,它就会变得越不可能实现。只有勇敢地迈出第一步,以后的路才会走得轻松自如,才会越走越宽。

其实,战胜内心的恐惧和胆怯,并不像你想象的那么难。

(1)直面内心的胆怯。

越掩饰越不安,越不安越胆怯,倒不如坦荡荡地笑着承认:我好紧张啊!有些害怕待会儿出丑。不要试图掩饰,否则只会让你的心理压力更大;公开地袒露心中的胆怯,反倒可以一点点缓解紧张的心情。

(2)正确看待你胆怯的对象。

羞于承认,不敢面对,不敢直视别人的眼睛,不敢大声讲话,这种胆怯是怕羞心理的反映。关于这点,卡耐基先生用自己的经验告诉大家:"你就假设听众都欠你的钱,正要求你多宽限几天,你是神气的债主,根本不用怕他们。"这样一来,不仅可以克服自己胆怯的心理,而且有助于建立勇气和自信。因为当众说话是克服自己胆怯的最直接有效的方法。

(3)放松心灵。

在恐惧时应这样想:这事没你想象的那么严肃和严重,不要恐惧它,它仅仅是一件事,而你是可以操控它的主人。它是死的,你是活的,这样想,你就能放松许多,也就不会出现手心出汗、脸红、结巴的现象了,更不会因为恐惧胆怯而四肢发抖。

有句话说得好:真正的恐惧只是恐惧本身!所以不要怕,你需要战胜的也只是你自己。不给自己假设危险,也不给自己增加压力,这些情绪自然而然就会烟消云散。

第四课

节制欲望，别用过长的尺子衡量生活

幸福就是欲望的停止。

——叔本华(德国著名哲学家,意志主义的创始人和主要代表之一)

1.欲望越高,幸福越显疲惫

北大箴言:

《伊索寓言》有言:欲望往往是祸患的根源,那些因贪图大的利益而把手中的东西丢弃的人,是愚蠢的。

人性有一个弱点,就是欲望超多,总以为什么东西都是越大越好、越多越好。殊不知,结果往往是成反比的:欲望越多,幸福越浅。

为何有些平凡打工者的脸上总是洋溢着幸福笑容,而一些住着豪宅、开着豪车的成功者脸上却鲜有笑容。答案是前者知足常乐,给自己设置的幸福底线很低;而后者欲望越大,越难知足,身心被欲望的枷锁套住,丢掉了手中原本最为珍贵的东西。

如果你为自己构设一个幸福的场景,当通过努力实现这个场景时,你真的会满足吗?

传说古时候,一位村夫救了一条冻僵的蛇,并将其放进了后山的一个山洞里。山洞口生长着灵芝和一些奇异花草。但人们知道山洞里有蛇,所以谁也不敢去采这些东西。

皇上听说这件事后,就下旨说,谁能采来灵芝,必有重赏。村夫很清贫,他想,自己要是能得到这笔财富,那可真是幸福。于是,他就去求蛇。蛇感谢他的救命之恩,就让他采了灵芝送进宫里。村夫得到了奖赏,过上了他想要的生活。又过了些日子,皇后的眼睛瞎了,御医说只有蛇的眼珠才能治好。皇上就下旨说,谁能弄来蛇的眼睛,就让他当大官。

村夫又想,自己现在是比过去幸福多了,但若再当上高官,有钱有势,一定会更幸福。于是,村夫又去请求蛇帮忙。蛇忍痛贡献出了自己的一只眼睛,

82

村夫也因此当上了高官，再一次满足了自己幸福的心愿。

但没过多久，皇上又下旨说让村夫去割蛇身上的肉，因为他听说吃了蛇的肉就可以长生不老。为了让村夫早些弄回蛇肉，皇上加封村夫为宰相。村夫得意扬扬，再一次来到山洞口，希望蛇能再次满足自己的心愿。但蛇什么也没说，而是一张口把这个刚做上宰相的人吞进了肚里。

其实，对于过惯了清贫生活的村夫来说，能得到皇帝的赏赐已经是很大的幸福了。但他的贪心却无止境，想要更高的幸福，最后落个被吞的下场。

从这个故事中不难看出，对于贪心不足的人来说，幸福是没有止境的。幸福被他们捆绑在自己的欲望之上，欲望越高，幸福越发难寻。

所以，一旦把个人欲望和幸福联系在一起，那所得到的结果必将和幸福背道而驰。因为当你千辛万苦达到了自己设定的目标时，你还会有更高的目标，还会让自己继续向更高的目标拼搏，只顾索取，幸福的感觉早被你抛在了一边。

北大哲人指出：人的幸福若与欲望相连，他的努力已经不是追求幸福了，只不过是为了满足自己无限膨胀的欲望罢了。

比如说，登山游玩，攀上一个高峰，在看到满眼好风景的同时，也看到了四周的山峦，于是心里不免会有这样的心思：攀上那些更高的山峰，景色一定比自己现在看到的景色要美得多。而真实的情况却是，当你攀上那些山峰，往往会发现看到的景色和你刚才看到的只是角度不同罢了，景色大同小异。

所以，真正聪明的人是不会舍近求远，去定什么幸福大目标的，他们随遇而安，让心情放松，享受生活，让自己快乐，也让亲人幸福。如果总是这山望着那山高，终究会一无所得。

2.知足之人,永远都是富有的

北大箴言:

　　同样是两个十分口渴的人,看到桌子上放着半杯水,知足的人会想:"太好了,这半杯水能够让我缓解一下口渴。"而不知足的人则会想:"怎么只有半杯水?这哪够喝呀!"同样的半杯水,却引发了两种截然不同的感慨。只有懂得知足的人,生活中才会少一些所谓的"烦恼"。

　　这个世界上有太多美好的事物,我们不可能得到所有,所以一定要学会知足。

　　一个晴朗的下午,一位富翁来到海边度假,他看到一个渔夫正在海滩上睡觉。富翁问道:"今天天气这么好,正是捕鱼的好时机,你怎么在这里睡觉呢?"渔夫回答说:"我给自己定下了任务量:每天捕10公斤鱼。如果是在平时,我需要撒5次网才能完成,不过今天天气不错,我只撒了两次便完成了任务。现在没事了,就在这里睡觉啦!"富翁又问道:"那你为什么不趁着好天气多撒几次网呢?"渔夫不解地问道:"为什么要多撒几次网?那又有什么用呢?"

　　富翁说:"那样的话,不久之后,你便能买一艘大船。"

　　"然后呢?"渔夫问。

　　"你就可以雇更多的人,让他们到深海去捕更多的鱼。"富翁说道。

　　"那又怎样呢?"渔夫又问。

　　"到时你手中就有一定的积蓄了,可以办一个鱼类加工厂!那时你可以做老板,再也不用辛辛苦苦地出海捕鱼了。"富翁说道。

　　"那我干什么呢?"渔夫又问。

"可以像我一样来沙滩晒晒太阳,睡睡觉啊!"富翁得意地说。

"不过,我现在不正是在晒太阳睡觉吗?"渔夫反问道。

富翁被问得哑口无言。

人之所以不快乐,就是因为不知足。假如渔夫真的如富翁说的那样去做,就会被自己的欲望所奴役,忙忙碌碌地辛劳一生,却不能体会幸福。

想得到的越多,失去的就会越多。我们每个人从出生的那一刻起,就注定了会和某些东西失之交臂,感情上的不如意,事业上的不顺心,总是会让我们花费很多精力来寻求平衡。但一个人的能力是有限的,有些东西是我们顾不到的,所以不必苛求那些得不到的东西或办不到的事情。如果过于执着地追求,只能给自己徒添烦恼。得到和失去只是在一瞬间,心态才最重要。

所以,每个人都要学会"知足",很多快乐都建筑在这两个字上。如果你一辈子都在不停地满足自己一个又一个欲望,却没有一丝一毫的幸福可言,这样的人生又有什么意义呢?

实际上,人类自身的需求是远远低于欲望的。房子再大,也只能住一间;衣服再高贵,身上也只能穿一套;汽车再多,也只能开一辆在街上跑。能够认清楚这一点,我们就能够活得更加从容一点,更加豁达一点。更重要的是,我们将会有更多的时间和精力,来进行一些精神层次的追求和享受。

从前有一位年轻人,他总是抱怨自己时运不济,空有一番才华却得不到施展的空间,日子过得也是穷困潦倒,并经常为此愁眉不展。

有一天,他遇到了一位白胡子老人,老人看他眉头紧锁便问道:"小伙子,你看起来很不快乐?"年轻人说道:"我就不明白,为什么我的日子总也好不起来,这种穷苦的生活什么时候才是头呢?"老人立即反驳他说:"穷?你怎么会说自己穷呢?我看你十分富有吗!"年轻人很不解,问道:"此话怎讲?"

老人笑了笑说道:"假如我给你一万块钱,来换你的一根手指,你会换吗?"

"不换！"年轻人十分坚决地回答道。

老人继续问："那如果我给你10万块钱，但条件是你的双眼必须失明，你愿意吗？"

"不愿意！"年轻人斩钉截铁地说道。

老人再次问道："那假如现在让你马上变成80岁的样子，给你100万元，可以吗？"

"不可以！"年轻人再次断绝拒绝。

白胡子老人笑了："你看，你全身上下都是数不尽的财富，你怎么还说自己穷呢？"

年轻人愕然无语，突然间明白了一切。

在我们的身边，像年轻人这样不知足的人不是有很多吗？明明自己已经拥有了很多，却还在抱怨得到的太少，这样的人自然无法体味生命的乐趣所在。只要你是一个知足的人，你就永远不会贫穷；相反，那些贪婪之人看似拥有万千财富，实际上却一无所有。

快乐，应该是一种平衡而满足的内在感受。若你学会了满足，那么即使身在地狱，也一定能够感受到如天堂般的美好。

3.为人处世，贵在适可而止

北大箴言：

当我们懂得适可而止时，欲望就像一个洁白的天使，引领我们一步步走向成功；而当我们贪婪无度时，欲望就像一个丑恶的魔鬼，破坏我们的每一步行动。

有人曾经将财富贴切地比作咸咸的海水，喝的越多就会越觉得渴，而越渴就越想再喝。因此，适度很重要。

当然，不仅对待财富要适可而止，对其他事情也一样。

做人要学会适可而止，对任何事情都要看开看淡，养成豁达、乐观的良好个性。你再喜欢吃某样东西，如果吃得过多，也会感到腻味；你再喜欢听某首歌，听得过多，也会感到厌烦。做人也是一样，当你想要的东西得到太多时，同样也会感到厌倦。很多事情真的不必如此执着，否则既会伤害别人，也会伤害自己。中国有个成语叫"过犹不及"，说的就是这个道理。

一只几天都没有吃饭的小老鼠，钻进了一只盛满大米的缸中。看着美味的食物，小老鼠兴奋不已，便放开肚子大口吃了起来。吃饱了的小老鼠就躺在里面睡觉，睡醒了再接着吃。就这样，缸里的米越来越少，缸口与米的距离也一天天在拉大。小老鼠也想过：当米吃完了，自己就出不去了。可是，看着那白花花的大米，它还是没经得住诱惑，打消了离开这里的念头。果然，当小老鼠吃完最后一粒米时，它再也出不来了，最终被困死于缸中。因为小老鼠不懂得适可而止，结果自毁性命，怨不得他人。

这个故事也告诉人们：做任何事情都应该有个度，超越了这个度，事情就会发生质的变化。常怀一颗平淡之心为人处世，才是一种睿智、坦然的人生风格。虽然道理说得很清楚，但生活中还是有很多人无法做到适可而止，经常掉入一个个"大米缸"中不能自拔。

在漫漫人生旅途中，充满了灯红酒绿的诱惑，面对这些诱惑，许多人都无法自控，他们想要得到的往往比自身的真正需求高得多。倘若一时得不到，有些人便可能会铤而走险，结果断送了自己的前途。童话故事《渔夫和金鱼》中的老太婆不就是因为不懂得适可而止，才在经历了一番短暂的荣华富贵后又回到了原来的那个小草屋里吗？

从前有个穷书生，日子过得穷困潦倒，每天只会满口地念"之乎者也"。他家里什么都没有，就连睡觉的床也是用一个长凳来代替。尽管如此，书生却不去用双手赚钱，总是祈祷佛祖能赐给他一个发财的机会。佛祖看他实在可怜，便给了他一个看似十分普通的布袋，并对他说："这个袋子中有一枚金币，当你将它拿出来之后，里面就又会有一枚金币。不过，只有当你将这个布袋还给我的时候，才能使用这些钱。"

穷书生听了，高兴得嘴都合不拢了，这样天大的好事竟然真的降临到了自己头上。他开始不断地往外拿金币，整整几天几夜都没有合眼，地上到处都堆满了金币，就算他这辈子什么也不做，这些钱也足够花了。可是，他还是舍不得将袋子还给佛祖，他对自己说："我现在还不能将钱袋还回去，钱应该越多越好！"结果，穷书生累得倒下了，死在钱袋的旁边，而他的屋子里，到处都是金币。

很多人都在笑书生的"傻"，可他们自己又何尝不是如此呢？人就是太"贪心"，所以才会不甘心。很多时候，并不是拥有的东西越多越好，懂得适可而止的人，往往能够获得更多快乐。

生活就像是一杯水，不论你用的是玻璃杯还是水晶杯，甚至是陶瓷杯，都不能说明什么，因为杯子里的水对于每个人来说都是一样的。每个人都有权利往杯子里放入一些东西，不过需要注意的是，必须要适可而止。因为毕竟杯子的容量是有限的，你加得太多，水就会溢出来，让你失去得更多。所以，不要计较太多的得与失，也不要让自己有太大的心理包袱，好好享受成功和努力的过程就好。

那么，究竟怎样才能做到适可而止呢？

所谓适可而止，就是指在最合适、最有利的时机，立即停下手中正在进行的事情，注意分寸和火候，做到"心中有数"，以求达到最好的效果。做到适可而止的关键就在于把握一个度，让一切都恰到好处，不多也不少，不高也不低。能够做到这一点，才是真正的生活高手。

4.不要让攀比毁掉你的幸福

北大箴言:

> 我们常常觉得自己过得不快乐,那是因为我们追求的并不是幸福,而是"比别人幸福"。

现实中,种种由攀比而导致的闹剧、悲剧几乎每天都在上演。

其实,那些整天过得闷闷不乐,对自己的处境感到不满的人,并不一定是因为自己的处境有多么悲惨,而是因为他们暗自将自己的生活状况拿去和别人攀比,看到生活状况比自己好的朋友、同事、同学等,就觉得别人比自己更幸运、更幸福。而自己呢?就好像是最不幸的一类人。这样一来,还怎么能够活得开心、过得幸福呢?

曾有一位年过七旬的老人,在参加战友聚会回来之后,因脑溢血而住进了医院,多亏抢救及时才保住了生命。原来,在聚会时,他知道了现在战友们的生活情况要比自己好许多:他们留在部队的,有的到了正军级,当上了将军,最普通的也是师级干部;转业从政的战友中,有的成了厅局长,有的是县处级;复员转业后经商的人更是让人刮目相看,个个财大气粗,穿着名牌,住着别墅,开着宝马……老人一想到自己,转业后只当了个小工厂的车间主任,单位效益不好,退休后养老金不多,再加上老伴看病、儿子下岗,一家人过得紧巴巴的。和别人比一比,再想想自己,越比越生气,结果一着急差点送了命。

俗话说:人比人,气死人。如果真要攀比,就算两人都是亿万富翁,恐怕攀比的结果也不会让自己如意。事物总是在不断的变化,生活中我们应保持一颗平常心,不以物喜,不以己悲,在待遇和生活方面不与比自己高的人去攀比,总拿自己的短处去比别人的长处,岂不是自己跟自己过不去吗?美国作家亨利·曼肯说:"如果你想幸福,有一件事非常简单,就是与那些不如你的人,比你更穷、房子更小、车子更破的人相比,你的幸福感就会增加。"如果对生活现状不满意,那就想一想过去的艰苦岁月,比一比那些仍然缺吃少穿的穷人,给自己一点安慰,它会让你感受到幸福和快乐无时不在、无处不在。盲目的攀比,只会毁掉一个人的幸福,让人痛苦不堪。

一只乌鸦看到老鹰叼走了一只绵羊,嘴馋的乌鸦便想,老鹰能抓羊,我为什么就不能呢?老鹰有爪子,我也有;老鹰会飞,我也会。最后,不甘心的乌鸦便决定仿效老鹰的样子:它盘旋在羊群上空,盯上了羊群中最肥美的那只羊。它贪婪地注视着那只羊,自言自语地说道:"你的身体如此的丰腴,我只好选你做我的晚餐了。"说罢,乌鸦呼啦啦地带着风直扑向那咩咩叫着的肥羊。

结果,乌鸦不仅没把肥羊带到天上,它的爪子反而被羊鬈曲的长毛紧紧地缠住了。这只倒霉的乌鸦脱身无术,只好等牧人赶过来逮住它并把它投进笼子,成了孩子们的玩物。

我们常常觉得自己过得不快乐,那是因为我们追求的并不是幸福,而是"比别人幸福"。不要去和别人攀比,幸福不幸福、快乐不快乐只有自己知道,选择适合自己的就行了,适合自己的才是最好的。此外,还应该注意到,攀比心理主要来源于对他人的嫉妒,人一旦陷入这个旋涡就难以自拔,久而久之定会损己害人。

懂得满足,适当放低自己的幸福底线,不要奢求太多,经营好现在所拥有的,人才会自得其乐,从而避免很多不必要的事情发生。克服攀比心理,生活才会充满阳光,我们才不至于让攀比毁了自己的幸福。

从前,有一只小老鼠整天被猫追来追去,它感到十分烦恼。于是,它去求见上帝，央求上帝说："你把我变成猫吧，这样我就不用被猫追了。"

上帝答应了，把它变成了猫。可是变成猫以后，小老鼠又被狗追来追去，它觉得还是老虎比较厉害，于是又央求上帝把它变成了老虎。可是，变成老虎它还是不满足，又苦苦哀求上帝把它变成大象，上帝没办法就答应了它。小老鼠变成大象后，突然有一天它的鼻子痒得受不了，恨不得把自己的鼻子割下来，后来从它的鼻子里钻出来一只老鼠。

这时它才明白，原来做小老鼠也挺好的。从此以后，小老鼠再也不羡慕别人了。

每个人都应该尽早认清自己，回到自己的生活中来，寻找属于自己的幸福，不要总把目光放在别人身上。就像上面故事里的小老鼠一样，什么都想和别人攀比，等绕了一大圈回来才发现，原来的自己其实才是最好的。

不和别人攀比，保持平和心态，是一种修养，也是一种生活的智慧。渴望幸福的人们，幸福就在你们身边，还和别人攀比什么呢？

5.自私的人往往是不幸的

北大箴言：

那些无与伦比的自私者，往往是不幸的。尽管他们把他们所处时代的一切当成自己的牺牲品，但其结果却是他们自己反而成了反复无常的命运的牺牲品。

"私心"谁都会有，但私心过重就会变得自私自利。自私自利的人，一心只为个人利益打算，常常会牺牲他人的利益来满足自己的私欲，而到头来只会害人终害己。

有一天，驴子和狗一同随主人外出。驴子表面机灵，实际上脑袋空空，不想事情。半路上，主人睡着了，驴子就趁机大啃青草，吃得非常惬意。

狗看见了，也感到腹中饥饿，就请求驴子趴下身子，好让它吃驴子背上包篮里的食品。但驴子怕浪费这大好时光，只顾埋头吃草，对狗的要求装聋作哑。

过了好一阵子，驴子才对狗说："朋友，我还是劝你等等看，待主人睡醒后会给你一份应得的饭的，他不会睡得太久。"

就在这时，一只饿极了的狼慢慢靠近，驴子害怕极了，马上叫狗来驱赶。而狗则不愿动，还回敬它说："朋友，我劝你还是快逃吧，等主人醒了再跑回来。假如狼追上了你，我相信你会用主人新给你装的蹄铁踢倒它的。"

就在狗还在说这些风凉话的时候，狼已经把驴子咬死了。

与人方便，就是与己方便。因为当你帮助别人时，别人对你的帮助会永远记在心中；相反，若你在别人需要帮助的时候视而不见，之后当你有了危险和困难，别人也会用同样的态度来对你。

自私之人心中有一种根深蒂固的错误观念，潜意识中总认为"我"才是最重要的，一切的想法、看法、做法，皆为满足自我；甚至表面为别人好的行为，其中都隐藏着"为自己着想"的念头，只是不敢拆穿内心的丑陋，不愿承认心底的自私。自私的人，常在利益的诱惑下默认自己对他人作恶，"宁可我负天下人，勿让天下人负我"，就是这种人的行事准则。

有些人喜欢占别人便宜，欺骗别人。但你可以占别人便宜，可以骗别人一次两次，却永远不能事事占便宜，处处骗人。当你做损人利己之事时，其实是在刀头舔蜜。你着急把蜂蜜吃到嘴里去，结果尝到甜头的同时，舌头也被割了。所以，世间人心无远虑，只顺着自己的欲望去贪求，反而会害了自己。

海南是个体经济很早就开发的地区，它最有名的是旅游业。观光业者为了吸引旅客到海南来，收费都非常低廉，所以刚开始时，有非常多的人到海南观光。然而，某些人觉得这是个机会，可以大捞一笔。于是，在游客的行程安排上，基本上三天里有两天都是把旅客带到购物中心去消费，若旅客买一包十元钱的东西，他们可以从中获利一半以上。

慢慢的，游客开始有了怨言，指责声此起彼伏。就这样一传十、十传百，口口相传，最后海南的旅游业给全国人民留下了很不好的印象。虽然他们一开始赚到了一些钱，尝到了一点甜头，但是一两年之后，他们为此付出了沉重的代价。那就是，全国的百姓都对海南的旅游业持一种否定和不信任的态度，海南的旅游业产值也因此大不如前。这个影响可能还会持续很久，而要把人们失去的信任再重新找回来，恐怕还需要几年甚至几十年。

《易经》有曰："积恶之家，必有余殃。"意思是说，做了很多损人的事情，不只会殃及自己，还会殃及后代子孙。宋代的奸臣秦桧，不只是他被世人唾弃，他的子孙也因为他的恶行蒙羞了几千年，始终抬不起头来。

关于自私，有一种错误的观点，认为"自私"与"自我"是同一概念。因此，某些人误把自私自利的行为当成是在追求自我个性，有的人甚至将追求自我个性作为自私自利行为的借口。其实，"自我"与"自私"是两个完全不同的概念，"自我"是对自身特性、价值的保护与实现，而"自私"是对个人贪欲的满足。可以适度追求自我，却绝不可以有自私自利的念头。

自私自利源于人的贪婪。在现代这个经济社会，许多人贪图享受，过分追求物质生活并为此不择手段，抢劫、偷盗、绑架勒索、杀人越货，无所不为，种种罪恶和丑陋现象层出不穷。贪婪能使人忘记和忽略一切，哪怕是人格、尊严乃至生命！

就如好多为官者，当身居高位时，被名利引诱，最初信誓旦旦的"权为民所用，要替人民的切身利益打算，做个亲民爱民的好官"等理念都被抛得空空，中饱私囊，大肆贪污受贿，成为国家的蛀虫。

俄国学者萨克雷先生在《名利场》中这样形容自私自利的危害："在一切使人格堕落的不道德的行为之中,自私是最可恨的、最可耻的。"

自私使人粗俗,使人卑鄙,使人缺乏同情心,使人充满物欲,使人道德低下;自私自利者,会为了一己之私,去损害他人或集体的利益。中国有句古话:"纸里包不住火。"最后,狐狸尾巴终会被识破,自私者最终会身败名裂,被人们鄙视,正是"以损人开始到害己告终"。

6.量入为出,合理消费,不做"月光族"

北大箴言:

普通的消费当以一个人的收入为度,并且要管理得宜,不要使消费超出收入。

量入为出是理财和消费的金科玉律。想要理性消费,首先就要做到量入为出,这也是我们消费的基本原则。如果一个人每年的花费超过了自己的实际收入,就是入不敷出,那将是一件非常令人痛苦的事情。

现代都市中,出现了越来越多的"月光族"、"城市新贫民",一些年轻人崇尚"钱不是省下来的,而是赚出来的"理念,花明天的钱,买今天的东西,注重当下的生活质量。他们挣得少,花得多,没有存款,还经常借钱;有些人在工资还未到手前,就刷信用卡消费,因这种无节制的提前消费跨入了"卡奴"的行列。他们的口号是:心无杂念地享受当下生活。

年轻人的这些行为,究其原因,是因为他们刚刚步入社会,接触到各种充满诱惑的商品和环境,自己的一些意识也在逐渐受到影响,想要尝试的新鲜事物越来越多,每个都想据为己有。另外,在各种媒体的宣传中,奢华和高档商品及其形象,渐渐地成为一种象征人们身份或社会经济地位的符号。人们互相攀比,许多人为了向同事、朋友炫耀,甘愿省吃俭用,然后一掷千金购买昂贵的奢侈品,即使"月月光"也在所不惜。

吴娟一向直言不讳自己对奢侈品的热爱,大学的时候就有过"打工赚包"的"光辉经历",毕业后在一家外企工作,奢侈品真正成了她生活的一个重点。

吴娟说,在职场里,奢侈品已经超脱了个人喜好,成了彰显身份和炫耀成功的道具。"女人都是虚荣的,我也很不幸的是这虚荣大军中的一员,办公室里的'奢侈攀比风'差点让我变成名副其实的'负翁'。每次奢侈品牌出新款时,便是办公室烽烟四起的时候,谁能第一个背着新款来上班或者参加酒会,谁就是办公室最'牛'的人。为了抢这个'第一',我的信用卡屡屡刷爆。我一共有5张信用卡,每到月底还款时,个中辛酸也只有我自己知道。"

前苏联著名诗人马雅可夫斯基曾说过:"流行的不一定好,比如说流行感冒。"消费应该根据自身的实际支付能力以及需求进行。大部分人买奢侈品,都是虚荣心作怪,觉得背着大牌的包包出去有面子,以为实现了自我价值。事实上,自我实现肯定不是拥有几件奢侈品就能够达到的,我们应该保持理性的消费心态,以一种更为健康和积极的精神状态实现自我成长。

当然,消费是有积极作用的,消费水平的不断提高是文明进步的表现。但是,鼓励消费并不等于否定勤俭节约。实际上,不管生活条件怎么改善,消费方式怎么变化,勤俭节约的传统还是不能丢的,任何时候,消费都应该量力而行。

关于中国老太太和美国老太太的故事,大家肯定都耳熟能详:中国老太太攒了一辈子的钱,在终于买了一套好房子的时候,来到了天堂;而同时来到的美国老太太虽然刚把买房子的钱还清,却一辈子都住着好房子。

在全球华人的观念中,消费习惯都是传统的,趋向于保守,因为量入为出的传统观念在我们心里根深蒂固。而正是由于这种良好的消费观念,使他们在金融风暴中"躲过一劫"。

在房市大好的时候,美国的各种房贷公司甚至用"零首付"等诱人的促销手段来吸引人买房、炒房。但是,在这股非常火热的购房潮流中,华人还是延续了传统的保守消费习惯。他们依旧喜欢在手头有钱之后,再去买房置业,因此,他们一般申请的都是传统房贷,而不是高利息、高风险的刺激房贷。

在全球都非常流行的信用卡消费上,华人也是如此。许多外国人都喜欢"超前消费","潇洒地刷卡",但是当月底账单寄来时,他们一般只还几十美元的最低限额;而大部分的华人则选择全额付清,这样做不仅仅是为了节省利息,更重要的还是因为在传统心理上,华人不喜欢拖欠债务。

当美国金融机构倒闭、金融动荡之时,许多按揭贷款的居民因为还不上钱,以致被银行收回房屋和抵押物,而华人遭受的直接损失却相对较小。虽然美国大部分城市的住房指数都在下降,并不断地创下新低,但是华人社区的房价却保持了非常稳定的状态,甚至还出现了微升情况。

"勤劳节俭,艰苦朴素"是我们的传统美德,虽说现在消费水平在不断地提高,但是在花钱方面,量入为出的观点一定不能丢弃。

如果将平时的收入比作是河流,财富是水库,花出去的钱就像是流出去的水。那么养成量入为出的良好习惯,就相当于在水库里存了越来越多的水。最终决定财富的不是收入,而是支出。不论你现在多么有钱,如果任意无度地消费,终究会变成一个穷光蛋。

在生活中,尤其是年轻人,一定要懂得原始积累的重要性,生活消费一定要量力而行,绝不能将自己的收入全部用光,甚至"寅吃卯粮"。我们的消费原则应该是:以自己的经济能力来决定消费,花钱的同时要考虑到自己的承受能力。

7.君子爱财，取之有道

天下熙熙皆为利来，天下攘攘皆为利往，芸芸众生皆不能免俗。"金钱不是万能的，但没有钱是万万不能的。"物质是基础，没有钱会寸步难行，人们的日常生活、衣食住行哪一样都离不开钱。

但是，君子爱财，也要取之有道。有的人对钱的渴盼达到了极致，认为拥有了钱就可以拥有一切，"有钱能使鬼推磨"。在这种思想的驱使下，很多投机分子想了很多歪门邪道，以身试法，钻法律空子，在短时间之内可能横财冲天，但最终的结果一定是法网恢恢，疏而不漏，难逃法律的制裁。

许松在学生时代可谓是风云人物，无论同学还是老师都对他赞誉有加。大学毕业后，他在某公司工作，平时常听到身边的同事说买了什么车或房子，心里渐渐有了落差，开始愤愤不平：凭什么他们能开好车、住豪宅，而我不能呢？虽说每个月的工资不低，可要买好车、豪宅还不知道要等到什么年月。他也想过要跳槽，凭自己的本事每月多赚些，心安理得地生活。可转念一想，自己现在手上管着公司那么多钱，为什么不先赚一笔呢？于是，罪恶的念头就这样产生了。

他利用自己担任公司出纳的职务便利，将公司资金通过公司转账至其本人在银行的个人账户，然后再转至其股票账户，用于炒股。但股市有风险，几进几出，账户内的钱一下子去了不少。为了防止被公司发现，他采用月初挪用资金，月底将钱还入公司的方法，将账做平，这样常常出现割肉的现象，股票亏得更多。为了解决股票的亏损问题,他开始挪用更多的资金,加大股本,以期翻身。但结果不是套牢,就是亏掉。挪用的公司资金越来越多,漏洞越来越大,直至无法弥补,走投无路的他猛然醒悟,向警方投案自首。

美好幸福的生活是靠脚踏实地的辛勤劳动而获取的,那种靠投机取巧牟取暴利的行为,只能图一时之快,最终必将时时活在心不安、理不得的"半夜生怕鬼敲门"的恶梦之中。

无论是君子也好,凡夫俗子也罢,取财之道都必定是遵纪守法,符合做人的原则和品行。任何存在侥幸冒险心理的行为都将付出沉重的代价,只有通过自己诚实劳动得到的钱财,才能用得心中坦然。

战国时期,某一天,齐国国王派人给孟子送来一个箱子。孟子打开箱子一看,里面装的竟然全是金子。孟子立刻叫住来人,坚持不收,并让他们抬走了这箱金子。

第二天,薛国国王又派人送来五十镒金,这回孟子欣然接受了。孟子的弟子陈臻把这一切都看在眼里,觉得非常奇怪,忍不住问道:"为什么你昨天不接受齐国的金子,今天却接受薛国的金子呢?如果说你今天的做法是对的,那么你昨天的做法就是错的;如果今天的做法是错的,那么昨天的做法就是对的。可到底哪个是正确的呢?"

"我自然有我的道理。薛国周边曾经发生过战争,薛国国王请求我为他的设防之事出谋划策,今天他送来的这些金子是我应该得到的;至于齐国,我从来没有为他做过什么事情,这一箱赠金到底有何含义,我不清楚,但有一点是可以肯定的,那就是齐国想收买我。可是,你何曾见过真正的君子有被收买的?"孟子解释说。陈臻似有所悟:"原来辞而不受或者接受,都是根据道义来决定的啊!"

随着经济社会的高速发展,人与人之间的贫富差距越来越大,现实中的各种诱惑也越来越影响到人们心灵的宁静。面对财富的诱惑,许多人因定力不够而利欲熏心,进而不择手段。我们常能在新闻报道中看到社会上的一些害群之马犯下抢劫、盗窃等罪行,还有不少人为了赚钱无所不用其极。这些都是不知"取之有道"的表现,最终只能是害人又害己。

"心底无私天地宽",我们无论从事什么样的工作,都要时时保持清醒的头脑,在面对本不属于自己的一些利益时,从心灵深处排除私心杂念,脚踏实地,不投机取巧,努力拼搏,遵纪守法。这样,我们不仅有道,还会有财,人们的生活会因此而变得更美好,社会也会因此增加一份安宁的和谐氛围。

8.节俭做储备,遇事才不慌

北大箴言:

> 节俭是一种美德,是一种创造财富的手段,是穷人成为富翁的武器。节俭不仅能积累财富,还能培养人的艰苦创业的精神、奋发向上的品质。

生活中,处处潜藏着不可预知的风险,每个人都应该未雨绸缪,为未来多做打算。年轻的时候有赚钱的能力,于是不把钱当回事,老年时必然会为钱所累,所以生活需要节俭。

节俭不仅是一种理财方式,也是一种生活方式。

洛克菲勒刚步入商界时,经营步履维艰,他朝思暮想着发财,却苦于无方。有一天晚上,他从报纸上看到一则出售发财秘方的广告,高兴至极,第二天急急忙忙到书店去买了一本。他迫不及待地翻开书,只见书内仅印有"节俭"二字,使他很失望。

　　洛克菲勒回家后,思想十分混乱,几天寝不成眠。他反复考虑"秘方"的"秘"在哪里。起初,他认为书店和作者在欺骗读者,书中只有这么简单的两个字,他想指控他们的欺诈行为。后来,他越想越觉得此书言之有理,节俭确实是发财致富的一个好方法。此后,他将每天应用的钱加紧节省储蓄,同时加倍努力工作,千方百计增加一些收入。这样坚持了5年,他积存下800美元,然后将这笔钱用于经营煤油,终至成为美国屈指可数的大富豪。

　　后来,洛克菲勒虽然富甲天下,但他从不在金钱上放任孩子,这从其家族中流传着的"14条洛氏零用钱备忘录"就可见一斑了。这个"备忘录"是约翰·洛克菲勒三世小时候与父亲约法三章所提出的。那时,父亲在经济上已显得很"吝啬":每周给零花钱1美元50美分,最高不得超过每周2美元,且每周核对账目,要他们记清楚每笔支出的用途,领钱时每一笔账都要清楚,且用途要正当,这样可以在下周增发10美分,反之则减。由此可见,洛克菲勒对孩子的零用钱的使用要求很严格。

　　洛克菲勒还曾经亲自教儿子们缝补衣服,并告诉他们,烹饪和缝补之类的事应该不只是女性去干,劳动是不分男女的。家财万贯的洛克菲勒家族,为什么如此"苛责"孩子呢?原因正像洛克菲勒所说的:"我要他们懂得金钱的价值,不要糟蹋它。"

　　美国连锁商店大富豪克里奇,他的商店遍及美国50个州的众多城市,资产数以亿计,但他午餐从来都是1美元左右。

　　美国克德石油公司老板波尔·克德也是一位出了名节俭的大富豪。有一天,他去参观狗展,在购票处看到一块牌子写着:"5点以后半价收费。"克德一看表是4点40分,他就在入口处等了20分钟,到5点才购半价票入场,节省下25美分。克德每年收支数亿美元,他之所以节省25美分,完全是受节俭习惯和精神所支配,这也是他成为富豪的原因之一。

　　节俭在许多方面都是卓越不凡的标志。节俭的习惯表明一个人有着足够的自我控制能力。一个人能够支配自己的金钱,必定能够主宰自己的命运。一个节俭的人一定不会是一个懒散的人，他有自己的原则，精力充沛，勤奋刻苦，而且比那些奢侈浪费的人更加诚实。

　　两个年轻人一同寻找工作，一个是英国人，一个是犹太人。

　　一枚硬币躺在地上，英国青年看也不看地走了过去，犹太青年却激动地将它捡起。

　　英国青年对犹太青年的举动露出鄙视之色：一枚硬币也捡，真没出息！

　　犹太青年望着远去的英国青年心生感慨：白白地让钱从身边溜走，真没出息！

　　两个人同时走进一家公司。公司很小，工作很累，工资也低，英国青年不屑一顾地走了，而犹太青年却高兴地留了下来。

　　两年后，两人在街上相遇，犹太青年已成了老板，而英国青年还在寻找工作。

　　英国青年对此无法理解，说："你这么没出息的人怎么能这么快取得成功？"

　　犹太青年说："因为我没有像你那样绅士般地从一枚硬币上迈过去。你连一枚硬币都不要，怎么会发大财呢？"

　　英国青年并非不要钱，可他眼睛盯着的是大钱而不是小钱，所以他的钱总在"明天"。

　　节俭是一个人最重要的品质之一，需要始终坚守。古人云："俭，德之共也；侈，恶之大也。"节俭是中华民族的传统美德，也是一个人品德高尚的表现。

　　东晋有个大官叫吴隐之，他幼年丧父，跟母亲艰难度日，养成了勤俭朴素的习惯。做官后，他依然厌恶奢华，不肯搬进朝廷给他准备的官府，多年来，全家只住在几间茅草房里。后来，他的女儿出嫁，人们想他一定会好好操办一

101

下,谁知大喜这天,吴家仍然冷冷清清。谢石将军的管家前来贺喜,看到一个仆人牵着一条狗走出来,问道:"你家小姐今天出嫁,怎么一点筹办的样子都没有?"仆人皱着眉说:"别提了,我家主人太过节俭,小姐今天出嫁,主人昨天晚上才吩咐准备。我原以为这回主人该破费一下了,谁知主人竟叫我今天早晨到集市上去把这条狗卖掉,用卖狗的钱去置办东西。你说,一条狗能卖多少钱,我看平民百姓嫁女儿也比我家主人气派!"管家感叹道:"人人都说吴大人是少有的清官,看来真是名不虚传。"

美国著名的成功学家拿破仑·希尔认为,节俭是人生的导师。一个节俭的人勤于思考,也善于制订计划。他有自己的人生规划,也具有相当大的独立性。

北大理财课上提醒,节俭是一种不应被大家忽视的美德,即使是在富足的今天,也应养成节约的良好生活习惯,养成正确支配金钱的习惯。

第五课

淡泊以明志,宁静以致远

夫莫争,则天下莫能与之争。

——老子(我国古代伟大的哲学家和思想家)

1.荣辱不惊是生命的一道精神防线

　　人要有经受成功、战胜失败的精神防线。成功了要时时记住,世上的任何一样成功或荣誉,都依赖周围的其他因素,决非你一个人的功劳;失败了也不要一蹶不振,只要奋斗了、拼搏了,就可以无愧地对自己说:"天空不留下我的痕迹,但我已飞过。"这样就会赢得一个广阔的心灵空间。得而不喜,失而不忧,才能把握自我,超越自己。

　　日本有个白隐禅师,他的故事在世界各地广为流传。其中,台湾著名作家林新居撰写的《就是这样吗?》颇为感人。

　　这本书讲的是有一对夫妇,在住处的附近开了一家食品店,家里有一个漂亮的女儿。无意间,夫妇俩发现女儿的肚子无缘无故地大了起来,这使得这对夫妇震怒异常! 在父母的一再逼问下,女儿终于吞吞吐吐地说出"白隐"二字。

　　她的父母怒不可遏地去找白隐理论,但这位大师不置可否,只若无其事地答道:"就是这样吗?"孩子生下来后,夫妇俩就将孩子送给了白隐。此时,白隐的名誉虽已扫地,但他并不在意,只是非常细心地照顾孩子。他向邻居乞求婴儿所需的奶水和其他用品,虽不免横遭白眼或是冷嘲热讽,但他总是处之泰然,仿佛他是受托抚养别人的孩子一般。

事隔一年后，这位没有结婚的妈妈终于不忍心再欺瞒下去。她老老实实地向父母吐露真情：孩子的生父是在鱼市工作的一名青年。

她的父母立即将她带到白隐那里，向他道歉，请他原谅，并将孩子带回。

白隐仍然是淡然如水，只是在交回孩子的时候轻声说道："就是这样吗？"仿佛不曾发生过什么事。即使有，也只像微风吹过耳畔，霎时即逝！

白隐为了给邻居的女儿以生存的机会和空间，代人受过，牺牲了为自己洗刷清白的机会，受到人们的冷嘲热讽，但他始终处之泰然。"就是这样吗？"这平平淡淡的一句话，就是对"荣辱不惊"最好的解释，反映了白隐的修养之高，道德之美。

人生无坦途，在漫长的道路上，谁都难免要遇上厄运和不幸。人类科学史上的巨人爱因斯坦，在报考瑞士联邦工艺学校时，曾因3科不及格落榜，被人耻笑为"低能儿"；小泽征尔这位被誉为"东方卡拉扬"的日本著名指挥家，在初出茅庐的一次指挥演出中，曾被中途"轰"下场来，紧接着又被解聘。为什么厄运没有摧垮他们？因为，他们始终把荣辱看作是人生的轨迹，是对人生的一种磨炼。如果没有当时的厄运和无奈，也许就没有日后绚丽多彩的人生。

19世纪中叶，美国有个叫菲尔德的实业家，他率领工程人员，要用海底电缆把"欧美两个大陆连接起来"。为此，他成了当时美国最受尊敬的人，被誉为"两个世界的统一者"。在盛大的接通典礼上，刚被接通的电缆传送信号突然中断，人们的欢呼声变成愤怒的狂涛，大家都骂他是"骗子"、"白痴"。可是菲尔德对这些咒骂只是淡淡地一笑，他不作任何解释，只管埋头苦干。经过几年的努力，他最终成功通过海底电缆架起了欧美大陆之桥。在庆典会上，他没有登上贵宾台，只远远地站在人群中观看。

菲尔德不仅是"两个世界的统一者"，更是一个理性的战胜者。面对突如其来的厄运,他通过自我心理调节,做出了正确的选择,从而在实际行为上显示出了强烈的意志力和自持力。这就是一种理性的自我完善。

世上有许多事情的确是难以预料的,成功伴随着失败,失败也伴着成功,人本来就是失败与成功的统一体。人的一生,犹如簇簇繁花,既有红火耀眼之时,也有黯淡萧条之日。面对成功或荣誉,要像菲尔德那样,不要狂喜,也不要盛气凌人,把功名利禄看轻些、看淡些;面对挫折或失败,也要像菲尔德那样,不要忧悲,也不要自暴自弃,把厄运羞辱看远些、看开些。

2.不要沉迷于权势的幻影中

北大箴言:

在如今这一时代,拥有权势的人,并非真正拥有某种力量。权势只是存在于人们脑中的幻影罢了。

正因为权势对人们产生了作用,幻影才会挥之不去。他们即便是某种特殊的存在,也绝不是特殊的人。有些有权有势之人已经依稀注意到了这一点。真正有理性的人,早已得知有权之人无足轻重。然而,大多数人依旧沉迷于幻影之中。

森林里,狼、熊和狐狸结成联盟,专门对付羊群。

羊群死伤相当严重,老领头羊不堪疲惫,郁闷而死,一头年轻的羊被选为新的领头羊。

年轻的领头羊对群羊说:"我们邀请狼、熊、狐狸中的一位来做我们的头领吧,我不是这个料。"

消息一出,群羊激愤:"这不是把我们往火坑里推吗?"

狼、熊、狐狸三巨头兴奋极了,同时也开始暗暗打算自己一定要争得这个位置,那将有多大的好处啊,以后群羊就是自己的了,想怎么吃就怎么吃。

熊最先下手,趁狼不注意的时候,一爪过去,把狼杀掉了。

狐狸很狡猾,因为体重较轻,它就在猎人挖好的树枝伪装的陷阱上躺着佯装睡觉。熊悄悄逼近,一下扑上去,掉到了陷阱里。而狐狸则机警地躲开了。就这样,熊也完蛋了。

这时,狐狸对羊群已经没有了威胁。最后,群羊协作,把狐狸给除掉了。群羊这才醒悟:原来权力是个陷阱!

尽管是个陷阱,但是面对权力的种种引诱,人们还是很难割舍,仍有人前仆后继地趋之若鹜。就如《圣经》中的扫罗,在上帝拣选大卫作王的时候,他心生妒忌,不肯放手交权,还要杀掉大卫,最后遭神离弃,结局悲惨。

看过《指环王》系列影片的人都知道,它讲的是关于魔戒的争夺战。弗洛多在山姆的陪伴下,赶往厄运山的火焰口,试图完成把魔戒投进火焰之洞的任务。因为消灭了魔戒,也就消灭了战争,世界就能太平了。

魔戒象征着至高的权力,人人都想得到它。这就像现实社会里人们对于权力的贪婪与欲望,无时无刻不在费尽心思争取更多更高的权力,甚至为此不惜拿命来搏。其实,在欲望的驱使下,越是接近权力核心的人越是脆弱,越容易变得失常。

"权力快感"说到底是一种"权力欲","权力欲"强烈的掌权者很容易突破道德良知的底线,甚至作出违法犯罪的事情。因此,古罗马历史学家塔西佗说:"权力欲"是一种最臭名昭著的欲望。英国思想家霍布斯更是对"权力欲"作出了形象的描述:"得其一思其二,死而后已,永无休止。"

权力能让人产生虚幻的优越感,从而使自己迷失。人们以为有了权力就可以为所欲为,可以满足自己的任何欲望,金钱、名车、豪宅等应有尽有,还可以呼风唤雨、颐指气使。所以,有人为了权力可以不择手段,不惜一切。

但这些人却没有看到,权力的获得往往是以人格的屈辱作为代价的。为了保持心理上的平衡,使自己从心灵上、情感上获得补偿,权力的拥有者会以加倍的专制和冷酷来役使那些意图从自己手中讨取利益的人，媚上而傲下，使得权力的角逐者永远陷入双重人格的痛苦、矛盾和分裂中。权力，总是可以把善良的心引进罪恶的深渊。

所以，不要让权力捆绑住自己。我们应该明白，所有的权势功名终将化为尘埃。淡泊名利，以一副淡雅、低调的心态面对名利的纷扰，才是做人的最佳姿态。

3.凡事有利也有弊

北大箴言：

"利"和"弊"之间的区别是很明显的，而且"利"与"弊"也是事情的两个方面。

凡事有利也有弊。何为利？不仅是经商做买卖，赚取的利益是合理合法的利。而以私灭公，只要自己方便，不顾他人利益、损害社会利益的行为都是只顾一己之私的利，它不仅会危害社会，也会害了自己。

贪求小利而忘了大害，如同染上绝症难以治愈。毒酒装满酒杯，好饮酒的人喝下去会立刻丧命，这是因为只知道喝酒的痛快而不知其对肠胃的毒害；爱钱的人对别人巧取豪夺而被抓进监牢，这是因为只知道看重金钱的取得而不知将受到关进监牢的羞辱；用羊引诱老虎，老虎贪求羊而落进猎人设下的陷阱，这是因为只知道满足暂时的口腹之欲而不知生命即将受到威胁。

唐建中二年，成德李惟岳、淄青李正己、魏博田悦与山南东道梁崇义四镇节度使联兵叛唐，形成"四镇之乱"。唐德宗李适下令调集兵马平叛。

公元781年和782年，唐河东(今山西永济蒲州一带)节度使马燧、昭义(今山西长治一带)节度使李抱真、神策先锋李晟两次大破田悦军。田悦收拾残兵，逃回魏州(魏博的治所)，守城自保。马燧兵围魏州，但久攻不克。朝廷派马燧等军进击田悦的同时，又命幽州节度使朱滔攻成德李惟岳军。李惟岳大败，逃回恒州(今河北正定)，部将王武俊杀李惟岳，投降朝廷。山南东道梁崇义、淄青李纳(时李正己已死，其子李纳统领军务)也都被朝廷派兵打败，梁崇义投水而死，李纳上书朝廷，请求悔过自新。整个平叛战局对朝廷很有利，官军一时取胜，进剿有功的节度使都争封地。

王武俊和朱滔认为朝廷分封不均，心怀不满，被困在魏州的田悦得知后，遣使前往离间。朱滔、王武俊素有异志，三方一拍即合，于是三镇联合叛唐。公元782年初夏，朱滔、王武俊率军救援魏州田悦。朱、王两支兵马抵达魏州时，魏人欢声雷动，田悦备酒肉出迎。第二天，朝廷派来增援马燧的朔方(今宁夏灵武一带)节度使李怀光率步骑15000人赶到魏州城外，马燧领将士列队欢迎。

朱滔见李怀光率军来支援马燧，立即出阵。李怀光有勇无谋，想乘朱滔、王武俊二军营垒未立之机挥师出击。马燧建议说：先让将士休息一下，待敌情观察清楚后再战。但李怀光刚愎自用，对马燧说："等对方立成营垒，将会后患无穷，不可错过现在的大好时机。"于是挥军出战。两军接战，李怀光军勇猛冲杀，斩杀叛军步卒千余人，朱滔引兵败退。李怀光骑在马上观望，骄矜自得，任凭士卒们窜入朱滔军营争掠财物。这时，王武俊率2000名骑兵突然横冲过来，把李怀光军一截为二，朱滔亦引兵反击。李怀光军大败，被逼入永济渠(今卫河)溺死，互相挤踏而亡者不可胜数，尸积永济渠，渠水为之断流。马燧欲出兵相救已不及，急忙命令本军严密守住营垒，才免于与李怀光军同时溃败。当晚，叛军又放水截断官军粮道和退路。第二天，道中水深3尺，官军被困，马燧大惊，被迫派人向朱滔等婉言求和，保证遣还诸节度使军权，并向唐皇保奏，让朱滔统辖整个河北。官军撤兵后，11月，朱滔、王武俊、田悦宣誓结盟，推朱滔为盟主，称冀王，田悦称魏王，王武俊称赵王，李纳称齐王。唐廷这次平叛以失败告终。

由于见利而不见害,李怀光败于魏州,是由于不能忍于利的诱惑而失败的。

人们喜欢名利,因为成名使人有成就感,精神振奋,得利能够使人有满足感,心情愉悦。一般情况下,人们惧怕灾难,因为灾难令人感情痛苦,心智受损。所谓趋利避害是人的共同心理,无论是君子或是小人,在这一点上都是一样的,只不过是追求名利、逃避灾害的方式不同罢了。愚蠢而不知事理的人总是被眼前微小的利益所迷惑而忘记其中可能隐藏的大灾祸,只见利而不见害。

所以,人不能过于贪图眼前的利益,更不能因为被眼前的利益所迷惑而忘记了做人的根本。

要获得事业的成功,就要付出一定的代价。自古至今,只有能明是非、辨利害,才能忍耐住自己的本性,见利思害。而做到这一点,是很不容易的。

4.社会上本没有绝对的公平,直面现实是一种勇气

北大箴言:

比尔·盖茨说:"社会是不公平的,我们要试着接受它。"世界是竞争的矛盾统一体,公平只是相对的,不公平才是永恒的。

命运总是钟情一部分人,同时又冷落另一部分人,有时,恰恰那个幸运儿不是你。

无论你面对或承受了怎样的不公平,都要试着接受,并学会承受不公平的折磨。只有有了这种直面现实的勇气,我们才能够保持良好的心态,为取

得成功做好准备。

人生来就要面对很多的不公平：有人出身豪门，有人生来就被遗弃；有人花容月貌，有人其貌不扬；有人平步青云，有人怀才不遇；有人山珍海味，有人饥肠辘辘；有人住豪华别墅，有人辛苦了一辈子也买不起房……最让人痛苦的是，从前和你一个锅里舀饭吃的人，如今不是升官了就是发财了，而你还是你……

在不同的人眼里，"不公平"有着不同的解释。下面有一个看似轻松的例子，也许大家可以从中悟出点东西。

一位年轻貌美的女孩名叫朵拉，她在一个网上论坛金融版上发表了一个帖子，题目是"我怎样才能嫁给有钱人？"这位叫朵拉的女孩这样写道："我说的都是实话。我今年25岁，天使面孔魔鬼身材，十分有品位，谈吐也不错，我想嫁给年薪50万美元以上的男人，我想我有这个资本。其实这个要求不高，在纽约，年薪100万才算是中产。这里有年薪超过50万的人吗？结婚了吗？我特别想知道如何才能嫁给你们这样的有钱人？我约会过的人中，最有钱的年薪仅25万，这似乎是我的上限。我想要住进纽约中央公园以西的高档住宅区，这只有年薪达到50万美元的男人才能做到。所以，我有几个问题想要请教：第一，那些黄金王老五一般都在哪里消磨时光？第二，您觉得我把目标定在哪个年龄段比较有希望？第三，为什么有些相貌一般、身材一般的女人却能幸运地嫁给大富翁？这不公平。"

一位华尔街金融家看到后，这样回帖："亲爱的朵拉：我看了您的贵帖，相信很多女士都和您有着同样的疑问。恰好我是一个投资专家，可以从一个投资专家的角度对您的处境做一个分析。请放心，我不是在浪费大家的宝贵时间，我年薪超过50万美元，算得上您眼中的有钱人，符合您对伴侣的要求。"

"从投资角度来看，选择跟您结婚是个失败的经营决策，道理很明显，简单来说吧，您的要求其实是一桩'财'和'貌'的交易：您提供迷人的外表，我出钱，确实是公平交易。但是，有一个问题很致命，随着时间的流逝，我的钱不但

111

不会减少,反而会逐年递增,但您却不可能一年比一年漂亮,您的美貌会很快消逝。因此,从投资的角度讲,我是增值资产,您是贬值资产,而且贬值得很快!如果容貌是您仅有的资产,那十年之后我肯定亏损严重!投资中有'交易仓位'的术语,就是说,一旦某种物资价值下跌就要立即抛售,而不宜长期持有,也就是你想要的婚姻。对于一件会加速贬值的物资,作为一个投资专家,一个年薪超过50万的人,我们一般会选择暂时持有,就是租赁,而不是买入。因此,我们只会跟您交往,而不会跟您结婚。所以,我奉劝您不要总是想着如何嫁给有钱人,有钱的傻瓜不太好找,您不如想办法把自己变成年薪50万的人,这样胜算还比较大。我的回答对您有帮助吗?顺便说一句,如果您对'租赁'感兴趣,可以联系我。"

哲人说过:"如果要绝对的公平,一分钟都不能生存。"

所以说,公平是相对的,美女与投资专家所认为的公平是完全不相同的。也就是说,你认为的公平对我来说不一定是公平,只有两人都认同的才算得上公平。可是这样的概率很小,因为我们常常都是从自身利益出发。

每个人都能说出一大堆自己遇到的不公平的事,有些人还会流下痛苦的眼泪。有人痛骂现在的社会充满欺诈,贪官污吏层出不穷;有的人利用自己占有的资源一夜暴富,而没有任何资源的人只能处处吃亏,辛苦劳动却所得甚少……难道生活就是这样的不公平吗?

生活中没有绝对的公平,这听着有点残忍,但这的确是实情。许多人常常会为自己、为他人所受到的不公平而感到遗憾、愤怒,甚至怨恨,于是整日抱怨、叹息、等待……其实这是一种错误的态度。不要天真地认为生活"应该"是公平的,应该不应该不是你所能决定的。如果你想要得到那份属于自己的公平,你就必须直面现实,努力生活,摆脱困境。

所以,你不但要承认现实的不公平,也要认清社会的不公平,把不公平变成努力奋斗的动力,扩充自己的能力,寻找机会,直至扭转你所认为的不公平。

就像工作，你觉得和别人同样出色，可晋升的人却总不是你，你当然感到愤愤不平，但是这对你有好处吗？与其成天抱怨不公平，还不如静下心来分析自己受到的"不公平"到底是什么原因。

刚入大学的新生常会大发牢骚：这是什么破学校，跟清华、北大差了十万八千里！可是说这话的学生可能忘记了一件事，那就是自己的成绩，也跟考入清华、北大的学生差了十万八千里。当考入清华、北大的同学在学习时，他可能在忙着打游戏或陪女朋友逛商场。所以，他进入"破"学校其实很公平，在你自以为遭到"不公平"的事情时，你考虑过自己的付出吗？

在现实生活中，大多数人注定要遭遇一些不公平的事，抱怨、沮丧、痛哭能换来上帝的怜悯吗？上帝喜欢勇者，喜欢直面现实的勇士。现实的黑暗自有存在的合理性，你要承认接受，更要逆流而上，要尽可能地去改变不公平的事实，以平常心、进取心对待生活，不公平就会消失得无影无踪。

5.不被名利束缚的人才能窥见生活的真谛

> **北大箴言：**
>
> 世人正是因为对名利的贪爱才不忍舍己救人，也因此而产生了无尽的烦恼，一个不热衷名利的人甚至会被当成异类。殊不知，唯有不被名利束缚的人才能窥见名利背后的生活的多极。

很久以前，有一个年轻的剑客，他喜欢到处向成名的剑客挑战。因为他的剑术高超，所以顺利地击败了所有的对手。

年轻的剑客听说在某地住着一位有名的剑客，传说他是一位传奇人物，剑术绝妙，无人能敌。

于是，好胜的年轻剑客决定去向这位名剑客挑战。历经千辛万苦，他终于在一个山村里见到了这位名剑客。

年轻剑客原本以为自己见到的会是一位相貌堂堂、气质出众的大人物，谁知对方竟是一个不修边幅、长相普通的老人，而且又瘦又小，一点也没有剑客的威风。更出乎他意料的是，老人的剑已经锈得无法再从剑鞘中拔出来了。

面对年轻剑客的挑战，老人毫不理睬，只管低头吃饭。当时正是盛夏，屋子里有好多苍蝇在嗡嗡乱飞，老人连眼皮都没有抬起，伸手便用筷子从空中夹住了4只苍蝇，一字排开放在桌上，然后继续吃饭。

年轻剑客看得目瞪口呆，他的骄傲瞬间消失得无影无踪，他意识到自己的剑术根本不可能胜过这位老人。后来，他拜老人为师，潜心修炼，几年之后，他的剑也同样锈在了鞘里。

剑是锈了，可是心境却更澄明了。

真正的争斗不是去打败别人，而是战胜自己。只会用身外物和别人一较高低的人，其实并不明白真正有价值的是什么。

玛丽·居里出生在波兰华沙，1891年进入巴黎大学学习，1893年和1894年分别取得了物理学硕士和数学硕士学位。1895年，玛丽·居里与皮埃尔·居里结婚，开始了对放射性元素的研究。1898年7月，他们发现了一种新元素，命名为钋。同年12月26日，他们又发现了一种比铀的放射性要强百万倍的新元素镭。但是当时还没有实物来证明镭的存在，科学界对他们的发现表示怀疑，没有机构愿意提供实验室给他们做研究，居里夫妇只好在一个简陋的大棚子里做实验。

历经4年的艰辛提炼后，他们终于从8吨沥青铀矿渣中提取出0.1克纯镭，价值超过1亿法郎。这不仅赢得了科学界人士的普遍认可，也使居里夫妇成为了核物理学的奠基人，并因此共同获得了1903年诺贝尔物理学奖。

1907年，居里夫人提炼出了氯化镭。1910年，她测出了氯化镭的各种特性，并以《论放射性》一书成为放射化学的奠基人。"由于对科学的执着与贡献"，居里夫人于1911年获得诺贝尔化学奖。

正是这样一个在科学领域上享有盛名的人，生活却极为简朴。曾有一位记者要采访她，当他来到地址所指明的地方，只看到一所简陋的房子，一个衣着简朴的妇人正赤脚坐在台阶上洗衣服，他过去询问居里夫人的住处，当那妇人抬起头时，记者大吃一惊，原来她就是居里夫人。

当初，发现了镭之后，居里夫妇讨论如何处理那些请求他们告诉提炼镭的方法的信件，整场交谈在5分钟之内就结束了。居里先生说："我们必须在两个途径中选择一个，一是无偿公开镭的提炼方法……"居里夫人说："这样很好，我赞同。"居里先生说："二是将提炼方法申请专利，以后任何人想提炼镭都要经过我们的同意，并且我们的孩子可以继承这一专利。"居里夫人不假思索地说："这违背了科学精神，我们还是选第一个办法吧。"于是，他们向世界公开了镭的提炼方法和其他相关资料。

有一位女性朋友去居里夫人家里拜访她，发现他的小女儿正拿着英国皇家科学院颁给居里夫人的金质奖章在玩儿，朋友大吃一惊，问道："你怎么能把这么宝贵的东西给孩子玩儿呢？"居里夫人回答："我想让孩子从小就懂得，荣誉就像玩具，只能玩玩而已，绝不能永远守着它，否则就将一事无成。"

居里夫人以高尚的情操和献身科学的精神教育孩子，她的女儿瑞娜后来也成了一名科学家，并像母亲那样获得了诺贝尔奖。

"一个人不应该与被财富毁了的人交结来往。"这是居里夫人的名言，而她也正是这样做的，不让自己被名誉和财富毁掉。当初那价值超过1亿法郎的0.1克纯镭，对生活极其朴素的居里夫人并没有造成任何影响，她坦然地将这0.1克镭无偿赠给了实验室，这份视名利如浮云的豁达实在令人赞叹。

正是因为居里夫人懂得名利就像玩具，偶尔拿来玩玩可以调剂生活，但若是抱住不撒手，生活反而会被它给毁了，所以她才能头脑清楚地将名利放在一边，在科学研究中享受莫大的人生乐趣。

禅宗偈语说："岩松无心，风来而吟。"意思是说，山岩上的松树不是有意摆出一副姿态来显示自己傲然独立的品质的，它静静地挺立在山岩上，当山风吹来的时候，松树枝叶呼应，展现出自己的风采和风韵，风一停，它又恢复原来的自然姿态。

做人也是一样，名利荣誉不是你内在的东西，而是风吹来的，你应该以你本来的自然本色去生活，这样才能摆脱一切烦恼，享受生活的快乐。

6.你永远不可能收获令自己满意的评价

北大箴言：

世人都很好奇他人是如何评价自己的，都想给别人留下个好印象，都想让别人觉得自己伟大，更加重视自己。然而，一味在乎自己的名声有百害而无一利，因为人总会给出错误的评价，你几乎不可能收获令自己满意的评价。

我们可曾为别人的误解、否定而抱怨过？是否曾为别人的认同、表扬而沾沾自喜过？

"你这件衣服真难看，穿上去能老10岁！"

"你这篇文章怎么写的？语言生涩，毫无生气。"

"这个方案没有一点可行性，真不知道这个月你都忙什么了。"

……

当你听到类似的恶语、批评、责备、谩骂时，是不是立即就会情绪低落、失意沮丧，甚至改变自己的选择？

"你昨天在会议上的表现真是太棒了！"

"幸好你做出了这个选择，否则后果真是难以想象。"

"你在色彩方面很有天赋，不做画家真是可惜了。"

……

而当你听到一些肯定的话时，是不是根本来不及辨认它是否属实，就沾沾自喜？

似乎，我们更在意的不是自己对自己的肯定，而是别人对我们的看法。这些看法是别人发挥自己的主观能动性贴给我们的标签，却极大影响着我们的心情。正面的评价使我们飘飘欲仙，负面的评价则会打垮我们好容易建立起来的意志堡垒。

《信仰的力量》一书的作者路易士·宾斯托克说："每一个人，无论是贩夫走卒还是英雄人物，总有遭人批评的时刻。事实上，越成功的人，受到的批评就越多。只有那些什么都不做的人，才能免除别人的批评。"

有一次，马克·吐温请一个作家吃饭，这个作家名气不大，而且是第一次到纽约，但是出席那次饭局的有30多人，都是本地的达官显贵、名门望族。临入席的时候，这位年轻的作家越想越害怕，甚至害怕得发起抖来。

马克·吐温走近他关心地问："你怎么了？哪里不舒服吗？"

"我……我怕得要死。"这位年轻作家胆怯地说，"我知道他们待会一定会请我发言，可是我不知道说什么，我担心出丑，所以一想到待会要说话，我就怕得要死。"

"呵呵，"马克吐温闻言笑了，"年轻人，你不用害怕，我只想告诉你，他们可能要请你讲话，但任何人都不指望你有什么惊人的言论。所以你不要在意别人的看法，你只要做到最好就足够了！"

更多的时候，你的行为对于大多数的人来说，其实无关痛痒，那么，何必为了满足这么一点点别人的感受而委屈自己，跟自己较劲呢？

要知道，发生在你身上99%的事情对于别人而言一点都不重要。所以，选择为别人的言语牺牲是一件非常不明智的事情。你是独立的一个人，有自己的思想、逻辑行为、观点和想法，适当的纠结很正常，但不要让别人的看法变成你的枷锁。

在莱特兄弟俩首次飞行成功前一年半，一位名叫塞蒙·纽康的人说了以下的"名言"："想叫比空气重的机器飞上天，不但不可能，而且毫不实用。"

1786年，莫扎特的歌剧《费加罗的婚礼》初演，落幕后，拿波里国王费迪南德四世坦率地发表了感想："莫扎特，你这个作品太吵了，音符用得太多了。"

法国小说家莫泊桑曾被人批评为："这个作家的愚蠢，在他眼睛上表露无遗。那双眼珠，有一半陷入上眼皮，如在看天，又像狗在小便。他注视你时，你会为了那愚蠢与无知，打他一百记耳光仍觉吃亏。"

艾伦斯特·马哈吗，曾任维也纳大学物理学教授。他说："我不承认爱因斯坦的相对论，正如我不承认原子存在。"爱因斯坦对以上批评并不在意，因为早在他十岁于慕尼黑念小学的时候，任课老师就对他说："你以后不会有出息。"

以日记文学闻名的法国作家雷纳尔，1896年在日记中说："第一，我未必了解莎士比亚；第二，我未必喜欢莎士比亚；第三，莎士比亚总是令我厌烦。"

这些曾经平凡的人都遭受到了无数的批评和否定，可是他们从来没有在意过别人的看法和态度，他们相信自己，意志坚定。

路易士·宾斯托克说："真正的勇气就是秉持自己的信念，不管别人怎么说。"

歌德也曾说："每个人都应该坚持走为自己开辟的道路，不被流言所吓倒，不受他人的观点所牵制。"

没有人能孤立地生活在这个世界上，几乎所有的知识和信息都来自别人的教育和环境的影响，但你怎样接受、理解和加工、组合，是你个人的事情，这一切都要独立自主地去看待、去选择。谁是最高仲裁者？不是别人，而是你自己！

7.对于别人的议论，"充耳不闻"有时是一种智慧

北大箴言：

奴隶早就消失在文明社会当中，但是在我们的生活当中，还存在着一种奴隶状态，那就是捆绑在我们心灵上的枷锁。有多少人，将决定权对着别人的嘴巴和盘托出，耳朵呈现欢迎光临的状态，这不是信任，不是谦和，而是没有主见。这种心灵上的枷锁，头一道就是做"别人会怎么想"。

耳朵是用来听声音的，但是有时对那些赞美、谴责、希望和期待都充耳不闻，何尝不是一种走向成功的途径？

从前，青蛙家族里组织攀爬比赛，很多年轻力盛的青蛙都参加了。由于过程艰辛坎坷，家人们在一旁看得十分不忍心，纷纷劝他们放弃。最后，其他青蛙都退出了比赛，只剩下一只仍在坚持，它费了好大的劲，终于成为唯一到达塔顶的胜利者。拿到冠军的时候，大家都向它请教制胜法宝，却发现其实它是一个聋子，所以它在比赛的时候听不到那些认为不可能爬上去的言论，只一心攀登，最终成功到达顶峰。

有些人每做一件事或做出人生的一次选择，首先感受到的不是快乐或成就感，而是对他人想法不确定的忐忑。

从"我必须出去上班，虽然我是在家写稿挣钱，但是别人不知道，不去上班，别人会认为我是个啃老族"，到"在会议上我不能多发言，因为我一说话，别人就会认为我爱出风头"，还有"那件衣服其实我很喜欢，但是别人说它不太适合我，买回去别人会议论我的"等，这种想法的确是一种最普通、最常见，

119

也最具破坏性的消极心理状态。

人生中这种"别人式"的想法是一个强而有力的牢笼,它抓住了人类想要得到肯定的弱点,使人们轻而易举地就沦陷为他人言论的奴隶。这种"别人会怎样想式"会伤害我们的创造力和人格,把我们原有的创造能力破坏殆尽。

因此,树立一个明确的是非价值观,做一个有主见的人非常重要。

美国前总统里根小的时候鞋子破了,父母让他自己去鞋店做鞋。鞋匠问他想要方头鞋还是圆头鞋,里根不知道哪种鞋适合自己,一时回答不上来。于是,鞋匠叫他回去考虑清楚后再来告诉自己。里根回去后思前想后,就是拿不定主意,以往都是父母去做,但这次父母让他自己拿主意。里根既想赶快穿上新鞋子,又不知道怎么做决定,他为此苦恼不已。没过几天,鞋匠在大街上遇到了里根,他问里根考虑得怎么样了,里根仍然举棋不定。最后,鞋匠对他说:"行了,我知道该怎么做了。两天后,你来取新鞋。"

里根去店里取鞋的时候,发现鞋匠给自己做的鞋子一只是方头的,另一只是圆头的。"怎么会这样?"他感到很纳闷。

鞋匠回答说:"等了你几天,你都拿不定主意,当然就由我这个做鞋的来决定啦!这是给你一个教训,不要让人家来替你做决定。"

后来,里根回忆这段往事的时候总是感叹:"从那以后,我认识到一点:自己的事自己拿主意。如果自己遇事犹豫不决,就等于把决定权拱手让给了别人。一旦别人做出糟糕的决定,到时后悔的是自己。"

做自己思想的主人,不做别人言论的奴隶。也许别人就是那么随口一说,你却要为之付出自己的主见、主观和自己的思想,最后得到的最多也不过是别人的点头赞许。但你快乐吗?又假如,你面对的是失败后的言论,别人的批评让你一蹶不振,而你要想从精神上站起来,还是要靠自己强大的意志力和主观思维。

面对为数众多的人发出的质疑、批评和非议，我们往往会陷入孤立、尴尬的境地，感到彷徨、迷茫，慢慢开始不相信自己。

别人的言论的力量可大可小，你要学会充耳不闻或者选择性倾听，将那些足以伤害你的力量柔化或者转为正能量，坚决不做他人嘴巴的奴隶。一个有主见的人，永远清醒地知道自己想要什么、在做什么，别人的看法和评价不过是别人的，不属于你，这些"言论礼物"，只要你拒收，自然就会返还给说话者本人，你还是你。

北大哲人指出："如果我们整天满耳朵都是别人对我们的议论，甚至去推测别人心里对于我们的想法，那么，即使最坚强的人也将不能幸免于难！因为其他人，只有在他们强于我们的情况下，才能容许我们在他们身边生活；如果我们超过了他们，哪怕仅仅是想要超过他们，他们都会不能容忍我们！"

所以，我们要对别人的议论，包括赞扬、谴责、希望和期待都充耳不闻，连想也不去想，要做自己的主人，而非别人思想的奴隶。

8.自知之明比才华更重要

北大箴言：

常言道：人贵有自知之明。把人的自知称之为"贵"，由此可见，自知这种行为是多么的难得；把自知称之为"明"，又可见自知的智慧。

孔子问子贡："你跟颜回谁更博学一点？"子贡回答："我怎能和颜回相比？他能够以一知十；我听到一件事，只能知道两件事。"

子贡有没有颜回博学并不重要，可是子贡的自知之明却深得孔子欣赏，这种明智使他勇于诚心看待自己，这份从容更是胸襟宽阔的表现。正是这样一种独特的人格魅力，使子贡传之千古。

没有自知之明，就好像"目不见睫"，我们的眼睛可以看见远处的东西，却看不见自己的睫毛。有自知之明是一种智慧，而没有自知之明的人，便是最大的愚昧。

蚂蚁的力量是众所周知的，但是有一只蚂蚁，力气大得不得了，自开天辟地以来，像这种蚂蚁大力士还没有出现过，它可以毫不费力地背上两粒麦子。它的勇气也是别的蚂蚁所没有的，它能像老虎钳似的一口咬住蛆虫，而且常常单独和蜘蛛作战并且获得胜利。很快，它就在蚁巢之内声名大盛，成为蚁族的骄傲和大家的偶像。

赞美颂扬的话每天都不绝于耳，出名后的它变得有些飘飘然，它开始不满足于现在的局面，它想进城获得人类和其他动物公认的"大力士"称号。于是，有一天它爬上了一辆运粮车，坐在赶车的人身边，骄傲的样子像个大王。

但是这只蚂蚁的满腔激情在进城的一刹那就被浇了冷水。它满以为人们会从四面八方赶来迎接它，可事实是大家根本不理会它。它大喊着："喂喂喂，你们快来看看我，我是蚂蚁中力气最大的！"但是大家都忙着自己的事情，根本就听不到这微小的呐喊。这只蚂蚁找到一片树叶，在地上把树叶拖呀拖的，它机灵地翻筋斗，敏捷地跳跃，可是依然没有人注意到它。它颓败地抱怨道："人类真是愚不可及！我表现了种种武艺，怎么就没有人来给我掌声夸赞我呢？如果人类上我们这儿来，他们就会知道，我在全蚁冢是赫赫有名的大力士。愚蠢！人类简直是太愚蠢了！"

聪明的蠢才不是蠢在没有才华，而是蠢在没有自知之明。世界之大，能人辈出，这只蚂蚁觉得自己已经名扬天下，其实只限于蚁族而已。我们应该对自身的价值有个大概的估量，明确自己的人生观，对自己有个清晰的认识。

很多时候，没有自知之明的人听到赞美的话，根本不会去想那可能是奉承话，是谎言，只要自己听着舒服便会信以为真，扬扬自得起来，却不知别人说这些话的目的也许是为了让他放松戒备，也许是为了从心理上摧垮他，也许是因为有事相求而讨好他。

在《战国策·邹忌讽齐王纳谏》中，邹忌就很有自知之明。他没有被妻子、妾室和客人的赞美之言冲昏头脑，而是清醒地知道："吾妻之美我者，私我也；妾之美我者，畏我也；客之美我者，欲有求于我也。"这是很多人做不到的。

要想真正了解自我，就必须换一个角度看自己。

首先，要"察己"。客观地审视自己，跳出自我，观照自身，如同照镜子，不但要看正面，也要看反面；不但要看到自身的亮点，更要觉察自身的瑕疵，包括对自己的学识能力、人格品质等进行自我评判，切忌孤芳自赏、妄自尊大。

其次，要不断完善自我，有则改之，无则加勉。须知道天外有天，人外有人；尺有所短，寸有所长。古人云："吾日三省吾身。"也就是说，人的自知之明是来源于自我修养和自我醒悟。因为自省而不受言语的纷纷扰扰，因为自省而比任何人都清楚自己擅长什么，有什么地方不足，这样也就避免了因为没有自知之明而闹出的笑料。

所以，我们只有真正了解自己的长处和短处，避己所短，扬己所长，才能对自己的人生坐标进行准确定位。

9.沉默是对是非的最有力回击

古代有个尤翁，他在城里开了一家典当铺。有一年年底，他忽然听到门外有一片喧闹声，便整整衣服到外面看看发生了什么事。原来，门外有位穷邻居正和自己的伙计拉拉扯扯，纠缠不清。站柜台的伙计愤愤不平地对尤翁说："这个人将衣物押了钱，却空手来取，我不给他，他就破口大骂。您说，有这样不讲理的人吗？"门外那个穷邻居仍然气势汹汹，不仅不肯离开，反而坐在当铺门口。尤翁见此情景，从容地对那个穷邻居说："我明白你的意图，不过是为了度年关。这种小事，值得争得这样面红耳赤吗？"说完，他命令店员找出那位邻居的典当物，加起来共有衣服、蚊帐四五件。尤翁指着棉袄说："这件衣服御寒不能少。"又指着外袍说："这件给你拜年用。其他的东西不急用，还是先留在这里，等你有钱再来取。"那位穷邻居拿到两件衣服，不好意思再闹下去，只好离开。

谁知，当天夜里，这个穷汉竟然死在了别人的家里。原来，穷汉和别人打了一年多的官司，因为负债过多，不想活了。但是，他若死了，他的妻儿将无依无靠，于是，他先服了毒药，故意寻衅闹事。他知道尤翁家富有，想敲诈一笔安家费，结果尤翁以圆融的手法化解了争端，没傻乎乎地成为他的发泄对象，于是他又转移到了另外一户人家里。最后，这户人家只有自认倒霉，出面为他发落丧葬事宜，并赔了一笔"道义赔偿金"。

事后有人问尤翁，是不是事先知情才这么容忍他。尤翁回答说："凡是无理挑衅的人，一定有所依仗。如果在小事上不能忍耐，那么灾祸就会立刻来临。"所谓"得饶人处且饶人"，尤翁并不是先知，而是他懂得做人要忍耐，要远离是非。

孔子曾经说："君子不立于危墙之下。"做人要远离是非纷争，否则难有清静的生活。对于是非纷争，越是在乎它，想改变它，它就越大、越乱。最好的办法就是避开它，它自然无计可施。

一位年轻女子来到罗马牧师圣菲利普面前倾诉自己的苦恼。圣菲利普很快明白了这位年轻女子其实心地不坏，只不过喜欢说三道四，常常议论别人，说些无聊的闲话，而这些闲话传出去后给别人造成了许多伤害。圣菲利普说："你不应该谈论他人的缺点，我知道你也为此苦恼，现在我命令你要为此赎罪。你到市场上买一只鹅，走出城镇后，沿路拔下鹅毛并四处散布。你要一刻不停地拔，直到拔完为止。你做完之后就回到这里来告诉我。"年轻女子觉得这是一种非常奇怪的赎罪方式，但为了消除自己的苦恼，她将一切照办了。

她买了一只鹅，走出城镇，一路走，一路拔下鹅毛，然后回去告诉圣菲利普所做的一切。圣菲利普说："你已完成了赎罪的第一步，现在要进行第二步。你必须回到你来的路上，捡起所有的鹅毛。"年轻女子为难地说："这怎么可能呢？在这时候，风已经把它们吹得到处都是了。也许我可以捡回一些，但是我不可能捡回所有的鹅毛。"圣菲利普说："没错，我的孩子。那些你脱口而出的闲话不也是如此吗？你不也常常从口中吐出一些愚蠢的谣言吗？你有可能跟在它们后面，在你想收回的时候就收回吗？"年轻女子说："不能，神父。""那么，"圣菲利普说，"当你想说别人的闲话时，能不能闭上你的嘴，不要让这些邪恶的羽毛散落路旁？"

常说是非者必是是非人，要远离是非，首先自己不能传播流言蜚语，搬弄是非。平常生活不积口德，逞一时口吐莲花、妙语连珠之能，图一时之快，轻则导致无风生浪，让是非烦恼扰乱身心，重则伤害别人，成为杀人不见血之刀的祸首。

某公司有一个女孩叫爱丽丝，平日只是默默工作，并不多话，和人聊天总是微微笑着。有一年，机关里来了一个好出风头的女孩儿劳拉，很多同事在她主动发起攻击之下，不是辞职就是请调。最后，劳拉的矛头终于指向了爱丽丝。某日，劳拉主动寻衅，对着爱丽丝就是一顿指责。谁知爱丽丝只是默默笑着，一句话也没说，只偶尔问一句："啊？"最后，劳拉气得满脸通红，一句话也说不上来，只好鸣金收兵。过了半年，劳拉终于无处找茬，自己主动调走了。

对于爱讲是非的人，最好的办法就是保持沉默。沉默是对谎言、是非的最有力的回击。

第六课

在逆境中抱怨，等于抛弃幸运

如果我们过于爽快地承认失败，就可能使自己发觉不了我们非常接近于正确。

——卡尔·波普尔(当代西方最有影响的哲学家之一)

1.请在倒霉时这样想:永远都有人比我更倒霉

北大箴言:

千万别忘了,当你在抱怨买不到合适的鞋的时候,有人还没有脚呢!

有时候,倒霉就像爱上了你一样,跟你形影不离,你到哪里它就跟到哪里,它让你的生活变得一团糟,心情完全像"乌云遮月"一样阴暗。这时,你该怎么办? 怎样才能让心情美好起来?

当你遇到不开心的事时,想想那些比你更倒霉的人,他们比你更有资格唉声叹气、自暴自弃。

在网上随便输进"倒霉"两个字,就能搜出千万条"倒霉"信息。谁都觉得自己是最倒霉的人,我们可以看到很多如"我是世界上最倒霉的人"、"有谁比我更倒霉"、"为什么我这么倒霉"等标题,似乎所有人都很倒霉、很郁闷、很难过、很痛苦,生活真是没劲透了。

曾经有个自认为很倒霉的人,他叫哈维。哈维常为很多事情而忧虑,觉得自己很倒霉:先是工作没了,后来经商被骗破产,花了7年时间才还清债务,妻子离他而去,孩子总是给他找麻烦……总之,没有一件让他高兴的事。他觉得上天对自己太不公平了,什么倒霉事都让他赶上了。可是,有一天哈维突然转变了,变得乐观了起来,不再时时抱怨自己如何倒霉了。

那是1934年的春天,哈维正在一条街道上无精打采地走着,一幕景象突然落到了他的眼里,让他备受触动,决心改变。他看见路对面来了一个没有腿的人,那个人坐在一块简易的木板上,木板下面像溜冰鞋一样装了轮子,两手拿着木棍撑住地面往前滑,时刻注意躲闪过往的车辆和行人。这人过街后,准备把自己挪到人行道上去,人行道比马路高出几英寸,正当他的小板子翘起来的时候,哈维正好跟他目光相对,这人坦然而快活地说:"早上好,今天是个好天气,你觉得呢?"哈维有点吃惊,他现在才发现自己原来其实是很幸运的,至少他还有两条健康的腿,能活蹦乱跳。面对这样一个勇敢面对生活的人,哈维为自己以前的自怨自艾感到羞愧,自己根本就算不上倒霉。

从此,哈维每天早晨刮胡子的时候,就会看看贴在镜子上的一句话:"别人骑马我骑驴,回头看看推车汉,比上不足,比下有余。"总有人比自己更倒霉,自己没有理由沮丧,生活其实很美好。

犹太人有句谚语:"假如你失去一只手,那就庆幸自己还有另外一只手;假如你失去两只手,那就庆幸自己还活着;如果连命都没了,那也没有什么可烦恼的了。"

当你觉得倒霉的时候,不妨换个角度看问题,看看自己还拥有什么,这样你会觉得自己还是很幸运的。比如,当你为洒掉半杯啤酒而懊恼时,不如为还拥有半杯啤酒而快乐;当你不小心摔倒时,你应该想:"幸好我是在这里摔倒,而不是在危险的地方摔倒,有人不是掉到下水道里摔死了吗?真是老天保佑,我真是幸运极了。"

一个年轻人跟随一个旅游团去外地观光,坐的是大巴车。路上要经过一段弯行的山路,十分崎岖,不过司机说没问题,说他对这条路很熟,所以把车开得很快。正当大家兴致勃勃地观赏窗外的风景时,悲剧发生了,一辆货车迎面而来,大巴车匆忙躲闪,由于车速过快,大巴车失去控制,一下就翻到了山沟里,车里的乘客非死即伤。这个年轻人伤得也很重,左腿被卡在了车座里,后来被送进医院,医生宣布不得不截去他的左腿,这意味着他从此要与假肢、拐杖和轮椅为伍。但是这个年轻人醒来后,并没有痛苦多长时间,他非常乐观。亲戚朋友们来看他,以为他是在强颜欢笑,一边安慰他,一边说他倒霉。但是他却说:"还好,我觉得我很幸运,除了这个不听话的腿,我身上其他零件都

129

还好好的,什么也耽误不了。那些丢了命的人才是最倒霉的。"

记住,你永远不是最倒霉的那一个,总有人比你更倒霉。当你失去一些东西时,仔细想想,你是不是还拥有其他的东西?比如,有份自己喜欢的工作,有两个可以诉苦的闺密或哥儿们,还有几件不错的衣服可以替换,还抽得起烟,还能去上网,还能到父母家去蹭吃蹭喝,还有力气干活,还能看见明天的太阳……想想这些,你还有什么不满足的呢?

2.天行健,君子以自强不息

> **北大箴言:**
>
> 人生不是一盘棋,不会一招走错,满盘皆输,就算我们再倒霉,也有"咸鱼翻身"的机会。如果你正在遭受"灾难",千万不要灰心,要相信一切都会过去,要知道,黎明之前最黑暗。

何谓"天行健,君子以自强不息"?通俗来讲,就是说君子应该像宇宙那样运行不息,即使身处逆境,也要不屈不挠。

也就是说,面对挫折和失败,我们要保持乐观积极的心态,永不放弃,越挫越勇,让这些绊脚石诱发我们生命中的潜力,自强不息。

在一个夜深人静的晚上,一个寺庙里的两块石头在窃窃私语。其中一块石头被铺在地上做台阶,而另一块石头被雕成了一尊佛像。被做成台阶的石头满腹牢骚,它说:"咱俩都是一座山上的石头,又同在一个庙里,本质上没什么不一样,可是你现在多风光,每天都有人向你恭恭敬敬地磕头,而我呢?每天都被踩得又脏又破,我的命运真是悲惨啊!"

被雕成佛像的石头回答说："你忘了，我们不一样。你进这个庙前，只让人砍了4刀，而我却让人砍了千万刀。"

经过千万刀的折磨，石头才能成为佛像，才能接受众生的膜拜。人生旅途艰难曲折，不经过困难的洗礼，难以成材。面对困难，君子会迎难而上，自强不息，而不是在那里唉声叹气，蹉跎光阴。

戴高乐说过："困难特别吸引坚强的人，因为他只有在拥抱困难时，才会真正认识自己。困难越多，危险越大，我们通过战胜困难和危险获得的成功也就越大。"是的，危难是彰显一个人品质的试金石，真君子永不会在挫折面前低头。司马迁遭受了宫刑这样的奇耻大辱，却用《史记》证明了他是一个非凡的男人；乙武洋匡，《五体不满足》的作者，他身体严重残缺，却活得比任何一个健全人都精彩。

没有谁的一生能够一帆风顺，前途是光明的，道路是曲折的。如果你正在遭受"灾难"，千万不要灰心，要相信一切都会过去，这一切只是黎明前的黑暗。

还记得那个曾感动中国的洪战辉吗？他出生在河南一个小村庄里，家境贫寒，父亲还有间歇性精神病。在他12岁那年，他的父亲不知从哪里带回来一个被丢弃的女婴。但家里太穷了，母亲让洪战辉把女婴送人，可洪战辉终是舍不得将这个捡来的妹妹送给别人，他哭着对母亲说："不管怎样，我不要送走这个小妹妹……你们不养，我来养！"就这样，这个女婴被留了下来，洪战辉给她起了个小名，叫"小不点"。

由于父亲患有精神病，一旦没有药物维持，就会发病，常常见谁打谁。洪战辉的母亲不仅要扛起家庭的重担，还经常遭受丈夫的毒打，日子过得苦不堪言。1995年秋，洪战辉的母亲在为家里蒸了一大堆馒头后，不辞而别。洪战辉再次流下了眼泪，母亲走了，父亲病了，妹妹才1岁，以后的生活要怎么过？一番痛苦挣扎，洪战辉选择了坚强，他决定撑起自己破碎的家。

为了赚钱买奶粉,洪战辉从小学时就做起了小贩,冬天卖鸡蛋,夏天卖冰棍,一分钱都攒着用。为了给妹妹补充营养,洪战辉上树掏鸟蛋给妹妹做鸟蛋汤,不止一次从树上摔下来。

1997年,洪战辉初中毕业,考上了河南省重点高中西华一中。可拿到录取通知书的洪战辉却想到了放弃,因为高中的学习紧张,还要住校,无法照顾到妹妹。他再三考虑后,决定带着妹妹来上高中。因为没钱,洪战辉在校园里利用课余时间卖学习书籍。一次,他去别的班级卖书,被撞见的班主任毫不留情地赶出了教室。因为抢了附近一家经营考试书籍书店的生意,洪战辉还遭到了别人的殴打。

就在洪战辉好不容易熬到高二时,父亲的病情恶化,洪战辉不得不休学挣钱为父亲治病。可洪战辉从来没有放弃过学业,2003年6月,洪战辉参加了高考,考上了湖南怀化学院。为了解决学费问题,洪战辉利用假期在一弹簧厂打工,上学期间也利用课余时间打工赚钱。当系里领导知道他的真实情况后,给他提供了大力帮助,让他带着妹妹来上大学。

妹妹学习成绩优秀,父亲病情大有好转,母亲也回到了久别的家中,这些都让洪战辉感到非常幸福。洪战辉的事迹被报道后,很多人表示愿意捐款,但都被他婉言谢绝了。洪战辉通过媒体向好心人表示感谢,同时也明确提出,他可以养活家人,不需要任何社会捐款。

人世变幻难测,但只要我们坚信没有过不去的坎儿,就会有希望,就能战胜困难,得到命运的垂青。绝处尚可逢生,风雨过后才有彩虹,无论生活有多少不如意,请你拍拍身上的尘土,抖擞精神努力前进吧。

艾柯卡在福特工作了32个年头,当了8年的总经理,但由于大老板的猜忌,艾柯卡不得不失业在家。当突遭此变故时,艾柯卡悲观绝望,对人生失去了信心,觉得自己人生的光明就让这道失败的坎给挡住了。

痛苦了一段时间,艾柯卡觉得自己不能再这样沉沦下去了,他决定绕过这道坎。艾柯卡应聘到濒临破产的克莱斯勒汽车公司出任总经理，力图让克莱斯勒汽车公司起死回生，这对艾柯卡来说，不啻于又一个人生的难关。艾柯卡凭借自己的能力、胆识，对克莱斯勒进行了整顿和改革，并通过各种努力获得了巨额贷款。

就这样，在艾柯卡锐意进取的带领下，克莱斯勒公司绝处逢生，成为仅次于通用汽车公司、福特汽车公司的第三大汽车公司。每当谈及这段经历，艾柯卡都会深有感触地说："奋力向前，哪怕时运不济；永不绝望，哪怕天崩地裂。只有跨过人生的每一道坎，你才能赢得胜利。"

是啊，永不绝望，哪怕天崩地裂！人生自有千般苦，只要不屈不挠，面对一切的现实，自强不息，你终将迎来人生的辉煌。

3.每个成功人士的起点都与我们一样

北大箴言：
如果你没有10米跳台，那么就从1米跳台起跳吧！

千千万万的人开始时都做着微不足道的工作，每天晚上都会设想自己成功的无数种可能，然后开始抱怨自己生不逢时，没有一份前途光明的工作，没有一个可以发展的平台，没有"贵人"相助……殊不知，那些成功人士何尝不是从基层做起的呢？

人生的开始有无数种可能，同样，结果也有无数种可能。今日的强者，何尝不是曾经的弱者？事实上，几乎所有的成功人士，所有的社会人，在刚开始工作的时候，都是从卑微的工作岗位做起的。这几乎是成功的定律和真理！

现在有很多有抱负的年轻人都希望通过自己创业，获得人生事业的成功,成为一个家财万贯的成功人士。可是,大部分人都没有骄人的家庭背景,没有资金,也没有丰富的人脉资源……这些人的起点可能会很低,但这并不意味着他们不能成功。记住,每个成功人士的起点都是卑微的。

当然,这里的"卑微"指的是工作岗位的不起眼,而不是说人格要卑微。也就是说,我们从事的可能是一个非常不起眼的、不重要的职位,但这并不意味着我们要低人一等,有自卑心理。这是一定要弄明白的。没有人可以一步登天,每个人都必须从卑微做起。

很多成功人士给我们做了榜样。

浙江民营企业很多老板的起点都很低,他们跟大多数人一样,没有值得炫耀的第一份工作,也没有让人羡慕的后台靠山。鲁冠球,浙江万向集团主席,他的第一份职业是打铁;徐文荣,横店集团董事长,李如成,雅戈尔集团总裁,都是农民出身;邱继宝,飞跃集团董事长,南存辉,正泰集团股份有限公司董事长,他们是摆摊修鞋出身;胡成中,中国德力西集团董事局主席兼总裁,曾是一名裁缝;郑元豹,人民电器集团董事长,13岁开始打鱼赚钱,17岁时又改行去打铁,后来又当了工人;郑坚江,奥克斯集团董事长,曾是一名汽车修理工;汪力成,华立集团董事局主席,曾是丝厂临时工……

看到了吧?很多我们所熟悉的成功人士,都是从"卑微"开始的。他们没有搭上通向成功的直达"电梯",只能爬楼梯,一步步爬向成功的方向。无数的卑微成就了伟大,这就是成功的奥秘。

一个妙龄少女来到东京帝国酒店当服务员。这是她的第一份工作,所以她很激动,同时也暗下决心,一定要好好干!可是令她想不到的是,上司竟然安排她去洗厕所!

洗厕所!别说一个正值妙龄的女孩子,就是普通男人也不愿意干,没听过有哪个人兴高采烈地说:"我爱洗厕所!"洗厕所不论是在视觉上、嗅觉上以及体力上，都让人难以接受，那种来自心理上的反感更是让人忍受不了。

所以，当这个女孩子用自己细嫩的手拿着抹布伸进马桶时，胃里立刻翻江倒海，恶心得几乎呕吐出来。而上司对她要求特别高：必须把马桶抹洗得光洁如新！她当然知道"光洁如新"意味着什么，她也知道自己可能根本做不到这一点，她适应不了洗厕所的工作。因此，她很苦恼，也有些困惑，究竟是硬着头皮干下去，还是知难而退呢？

这个女孩子非常要强，她不甘心，正在她彷徨之际，一位前辈用实际行动帮她摆脱了困惑，也帮助她认清了以后的人生之路应该怎样去度过。

这位前辈是怎样做的呢？他不像其他人那样先喋喋不休地讲一堆大道理，而是亲自动手示范给她看。他认真地擦洗马桶，一遍又一遍，不厌其烦，那认真而又小心翼翼的态度，甚至让人以为他是在擦一件名贵的瓷器，而不是一个普通的马桶。也不知擦了多少遍，马桶真的是光洁如新！

更让人震惊的是，这位前辈竟直接从马桶里舀了一杯水，然后一饮而尽！

自此之后，这个女孩子像换了个人似的，她不再苦恼、抱怨，每天都怀着愉快的心情洗厕所，工作质量完全达到了上司的要求，并且，为了证实自己的敬业心，她多次喝过马桶里的水，以此来激励自己。

人生的第一步她走得非常漂亮，这也为她日后走向成功的顶点奠定了基础。几十年过去了，这个女孩子早已离开了东京帝国酒店，后来还成为日本的邮政大臣，她的名字就是野田圣子。她经常说起自己洗厕所的经历，她认为，如果没有那样的磨炼，她不会有如今的成就。

人生路上必然是荆棘满地。想成功的人很多，但他们往往缺乏行动的勇气和面对困难继续坚持的毅力。他们总是不厌其烦地向旁人倾诉着自己无比远大的理想，却每天重复着自己一成不变的生活和工作态度，如此，生活除了继续平庸下去，不会有任何改变。只有勇于从"卑微"的凡人凡事做起，你才能踏上通向顶峰的石阶，成功才能成为可能。

4. 即使不是"贵族"的身，也要有颗高贵的心

北大箴言：

人生常遇艰难与坎坷，出身豪门的人才能有几个？面对艰难和坎坷，是毫无原则的妥协，还是不为"五斗为折腰"，都在于是否有一颗贵族的心。

社会是一个名利场，名利自然是名利场的招牌，大多数人一辈子向往的、追求的不就是这些东西吗？因为有了这些东西，一个人就好比泥胎镀了金身，高贵了起来。但是，这种高贵只是表面和形式上的高贵。真正高贵的人并不一定拥有这些，而拥有这些的人也未必高贵。

有一位拾荒的老人曾感动了整个中国。那是一个大雪纷飞的冬天，拾荒老人和往常一样，提着一个袋子寻找还可以卖上价钱的废品。从她佝偻的背影可以看出她生活的艰辛，这时，她看到一个包着东西的塑料袋，她想，这塑料袋里可能有塑料瓶之类可以卖钱的东西，于是就捡了起来。当她打开袋子时，发现里面竟是一大摞钱，有7000元，这对于她来说，可真是一笔巨款。要换了别人，捡到这么多钱，而且四处无人，就算最后交出去，也会有一番心理上的挣扎。

可是，这位老人却毫不犹豫地走了几千米，直接来到公安局，将这笔钱交给了警察。然后，老人又带着警察到现场去勘察了一番，等她回来再做完笔录，已经是上午11点多了，这时，老人面露窘色，对办案的民警说："小伙子，你能借我一块钱吗？我到现在连早饭还没有吃，想买俩馒头填填肚子。"

当时在场的人都愣住了，都争先恐后地掏出钱来塞给老人，但是老人坚持只要一块钱，一分也不多要，大家都被老人的举动给震惊了。

是啊，这位老人宁愿借钱也不肯拿这7000元钱中的一分一毛。要知道，这7000元钱可以够这位老人吃20年的早饭。但是老人却想，这些钱可能是某个农民工辛苦一年攒下来回家过年的，也可能是哪个人用来治病救人的救命钱，也可能是哪个孩子等上大学的学费，丢钱的人一定心急如焚，她只想着要赶快把钱还给失主，其他的没有多想。

老人的行为是高尚的，她之所以让人感到震撼，是因为她有一颗高贵的心。

是啊，即使没有"贵族"的身，也要有一颗"贵族"的心。老人的行为真正诠释了那句千古传诵的名言：贫贱不能移。

说到底，断定一个人是"贵族"，还是穷人，不是看他的财产和地位，而是看他是否拥有一颗高贵的心。如果没有，那他们就会被地狱之火所焚烧，在无穷无尽的欲望中挣扎，是人是兽，是高等人还是低劣人，都会在红尘中一一裸现。

人生是一次艰辛坎坷、充满挑战、充满挫折的旅途，有太多的理由让人们放弃自己、放弃灵魂、放弃理想。很多人为了名利，放弃了尊严，宁愿成为权贵豢养的"哈巴狗"，也不愿成为骄傲的狼，在他们看来，一颗"贵族"的心一文不值。

英国劳埃德保险公司曾从拍卖市场买下一艘船，这艘船1894年下水，在大西洋上曾138次遭遇冰山，116次触礁，13次起火，207次被风暴扭断桅杆，然而，它从没有沉没过。

劳埃德保险公司基于它不可思议的经历及在保费方面带来的可观收益，最后决定把它从荷兰买回来捐给国家，现在这艘船就停泊在英国萨伦港的国家船舶博物馆里。

不过，使这艘船名扬天下的却是一名来此观光的律师。当时，他刚打输了一场官司，委托人也于不久前自杀了。尽管这不是他第一次辩护失败，也不是他遇到的第一例自杀事件,然而,每当遇到这样的事情,他总有一种负罪感,他不知该怎样安慰这些在生意场上遭受不幸的人。

当在萨伦船舶博物馆看到这艘船时,他忽然有一种想法,为什么不让那些人来参观这艘船呢?于是,他把这艘船的历史抄了下来,将其和这艘船的照片一起挂在他的律师事务所里,每当商界的委托人请他辩护,无论输赢,他都建议他们去看看这艘船。它使人们知道:在大海上航行的船没有不带伤的。

现实生活中,有颗"贵族"的心能让我们不在灯红酒绿的社会中迷失自己。拥有一颗"高贵"的心,能让你滋生出一种伟大的力量,让你不断向上奋进,最终引领自己走向成功之路。

大多数人的生活注定平凡,但是,平凡并不意味着不能高贵,你完全可以不亢不卑,充实内心,塑造自己独特的魅力与人格,为自己打造一颗"贵族"的心,并使它在烦琐而细碎的生活中绽放光彩,做到平凡而不简单。当我们拥有了一颗"贵族"的心,就算是在普通、庸俗的生活中,也可以使自己过得优雅而有品位,时时散发出独一无二的魅力。

5.人生没有永恒的劣势,绝不要随意贬低自己

北大箴言:

当上帝关上一扇门时,会为你另外打开一扇窗。

判断一个人是否可塑之才,除了要看他的为人处世之道,也要考察他无所事事时的表现。不受重用的时候,不要灰心丧气,更不要自暴自弃,而要把这当作养精蓄锐的最好时机。这样,等我们的能力强化了,便能在机会来临

时一手抓住。

正如一位哲学家所言，当上帝关上一扇门时，会为你另外打开一扇窗。在这个变幻无常的世界上，没有永远不变的劣势与优势。正所谓三十年河西，三十年河东，就像《红楼梦》里的贾家一样，曾经煊赫一时，可是也有"家败凋零"的时候。同理，无论你现在多落魄，也绝不要随意贬低自己、放弃自己，只要你善于思考，保持积极向上的良好心态，看上去不可逆转的劣势或许会为你叩开下一扇成功之门。

鲨鱼一向是杀手的代名词，令人闻之色变。然而，在很久很久以前，鲨鱼是海洋里唯一没有鱼鳔的鱼。鱼鳔可以说是鱼的生命，如果没有鱼鳔，鱼就不能任意地在水中上浮和下沉。所以，没有鳔对鲨鱼来说是个巨大的劣势，它只能不停游动才能保证自己的身体不沉到水底。可也正是由于鲨鱼不停地游动，造就了它强健的体魄、敏捷的身手、锋利的牙齿，使它成为海洋中的霸主。

谁都渴望人生是一望无际的平坦草原，那样我们就可以在上面任意驰骋，挥洒自己的理想，但现实是，曲折才是人生的常态，上帝不会随随便便就把你想要的东西给你。人生的路上总会遇上一些不顺心的事，这时，人们可能会埋怨上天不公平，抱怨社会的黑暗，感叹自己命运的多舛，于是否定自己、放弃自己，觉得自己注定不会有出人头地的机会。

其实，公平与否，完全看你从哪个角度出发。穷人很穷，可也有穷人的快乐；富人有钱，可也有富人的麻烦。障碍的确让人痛苦，可反过来想，这也是一个挑战自己的机会，只要你愿意、有决心，任何障碍都会成为一个超越自我的契机，一个改变劣势的转折点。关键是如何去面对困境，如何在困境中调整心态，将困境转变成力量之源。

拿职场来说，很多时候，我们都会遇到"坐冷板凳"的情况，不被上司器重，没有施展才华的舞台。处在这样被冷落的位置上，很多人都难免会自怨自艾、沮丧失落。在这种困境面前，一时的低落很正常，但要想改变这种处境，更重要的是去冷静思考，寻找原因。其实，只要我们能借此机会调整好自己的心态，养精蓄锐，厚积薄发，把冷板凳坐热，当时机成熟时，就能有突破性的成绩。

每个人都希望自己成为公众注目的焦点，能够呼风唤雨、叱咤风云，但必须承认的是，在特定环境里，不可能所有的人都能成为主角。所以，我们何不将冷板凳看作机会？它能够让你避开组织内部勾心斗角的最大风险，与其急于表现自己，不如暂时收敛锋芒，把一时的孤寂当作老板或上司有意考验我们的表现。

天将降大任于斯人也，必先苦其心志，劳其筋骨，饿其体肤。想要成就一番事业，必须要有接受挑战的勇气、解决困难的魄力，同时还要有身处孤寂的耐力。面对"怀才不遇"，我们要保持容宽、积极向上的心态，在言谈举止中表现出自己淡定的风度，培养自己把冷板凳坐热的耐心，把它当作一个磨炼意志、休养生息、提高个人能力的机会。

有一天，农夫的一头驴不小心掉进了一口枯井里，农夫绞尽脑汁想把它救出来，但是几个小时过去了，农夫还是没想到好的办法，驴仍旧在井里痛苦地哀嚎着。最后，农夫决定放弃，他不愿意再大费周章地去把驴救出来，便请来左邻右舍帮忙一起将枯井中的驴埋了，以免除它的痛苦。于是，农夫的邻居人手一把铲子，开始将泥土铲进枯井中。

当众人铲进井里的泥土落在驴子的背上时，驴的反应出奇的冷静和理智。它没有让泥土将自己掩埋，而是将泥土抖落在一旁，然后站到铲进的土堆上面，将这些泥土踩实。就这样，驴将大家铲在它身上的泥土全数抖落在井底，然后再站上去。很快地，随着脚下泥土不断堆高，这只驴成功地上升到井口，重新获得了自由。

在漫漫的生命旅程中，有时候，我们就像那头驴一样，会陷入"枯井"的困境当中，可能还会被各种外在施加的"泥沙"所覆盖。这时的我们不能自暴自弃，也不必怨天尤人，而应该以一种正确而积极的态度去应对。只要能将"泥沙"抖落掉，并把此当作成功路上的垫脚石，我们便能在困境中破茧成蝶。

6.请为自己的梦想负责

北大箴言：

梦想是自己发自内心的一种愿望，是来自灵魂深处的呼唤。梦想是生活的一部分，不需要它带来财富和名誉，也不以它为职业，但它会带给你快乐。

梦想是一个人存在的理由，没有梦想，人生将失去价值和意义。心中有梦想，人生就不会丧失希望，有梦想的人生才有目标，才会去奋斗，人生因梦想而精彩！

在日本，有一位"五星级擦鞋匠"，他的名字叫源太郎。

初中毕业后，源太郎为了糊口，曾经到处打零工。偶然的一天，一位客人让他帮助自己擦皮鞋，源太郎认真地帮他把皮鞋擦得锃亮，并因此得到了丰厚的小费。从这以后，他决定把擦鞋当成自己的事业，他的梦想是成为世界上最优秀的擦鞋行家！

为了这个梦想，他先是花费3年的时间遍访了所有手艺好的擦鞋匠，虚心向他们请教。同时，他分析别人的经验和缺点，由此总结出了自己独特的擦鞋方法。他不仅追求把鞋擦干净、擦亮，还仔细地研究皮鞋的质量，努力做到精通皮鞋的类型、质地。每有新品牌的皮鞋上市，他都要去买一双亲自感受，

141

尽管价格非常昂贵。

对皮鞋的了如指掌,使得他的擦鞋技术达到了炉火纯青的程度。他会根据不同品牌的皮鞋,选用不同成分的鞋油。遇到一些颜色罕见的皮鞋,他就用几种颜色的鞋油自己调制。他还仔细地研究了各种鞋油的性质,努力做到既光亮,又充分滋润皮革,让光泽更持久。

源太郎出名了,他成了希尔顿饭店的"定点擦鞋匠",希尔顿饭店负责人赞扬源太郎是"五星级的擦鞋匠"。他的手艺异常受欢迎,连日本前首相以及日本的财界大亨等一些著名人物都成了源太郎的常客。还有一些世界级明星,如迈克尔·杰克逊等人都曾把鞋送到他那儿擦过。

他的梦想实现了,他成为世界一流的擦鞋匠。

一个小小的擦鞋匠,凭着满腔的热情和激情,也能取得如此大的成就,这就是梦想的力量。

有位哲人说:"离开了梦想,任何人都算不了什么;而有了梦想,任何人都不可以小觑。"无论你身处怎样的环境,只要心中的梦想不灭,你就能在生活中释放出你的激情,将短暂的一生过得富有意义。

希拉里·罗德姆·克林顿曾说过,自己成功的秘诀之一就是敢为梦想付出代价。追梦的路上充满了艰辛和困苦,然而,为了到达梦想之巅,这些荆棘是你必须要面对的,你遭受的失败和打击也是你不得不为梦想付出的代价,因为只有不怕付出代价、勇于付出代价的人,才能最终实现自己的梦想。

有个男孩心中一直深藏着两个梦想,一个是长大后去环游世界,另一个是当一个作家。由于家庭贫困,他只能将梦想埋在心底,帮爸爸干活挣钱。

一天,他在干活时发现了一张埃及地图,他出神地看了起来,心早就飞向了那个神秘的国度。父亲的巴掌使他从幻想中清醒了过来,父亲夺过他手中的地图,并将其撕成了碎片,还咒骂道:"干你的活吧!我保证你一辈子也去不了那么远的地方!"男孩望着被撕碎的地图久久不语。

男孩每天傍晚都会去不远处的林中扫落叶，每次他都会偷偷带上一本书，抽空看上一会儿。可最终还是被父亲发现了，父亲对他说："你今天把明天的落叶都扫完，明天我就让你看书！"他一听十分高兴，抱住每一棵树使劲摇晃，许多叶子飘落下来，他扫完这些树叶，心想明天该有一个清闲的傍晚了。可第二天傍晚他来到林中，惊讶地发现地上又落了一层树叶，懊恼了一会儿，他就释然了：今天扫完今天的树叶，明天的树叶不会在今天掉下来，不要为明天烦恼，要努力地活好今天这一刻。

许多年以后，他的作品被人们誉为"世纪末最清明的文章，人世间最美妙的声音"。他就是台湾著名的作家林清玄，他出书的速度就像办"林清玄月刊"。

他在埃及金字塔下给父亲寄了一张明信片，上面写着："我一直以为我的生命不需要被别人保证！"

自己的人生，自己把握；自己的梦想，自己勾绘。一个人的梦想如果轻易地就被别人的威胁或言语击碎，那这个梦想就不是他真心想要实现的。一个真正伟大的人是敢于造就梦想且不谓人言，在任何风吹浪打的情况下都会不遗余力地去追求自己梦想的人。每个人都要对自己的梦想负责，只做梦，不实现的人，没有资格抱怨不公平。

苏格拉底曾说："世界上最快乐的事，莫过于为理想而奋斗。"

不管身处何时何地，用自信和努力浇灌心中的梦想，梦想之树便会永远青翠。所以，别枯萎了心中的梦，每天靠近一点点，总有一天，你会到达梦的远方！

7.善待生活中的美和情趣

北大箴言：

　　四面白墙加白色地砖的房子看起来未免太过单调，日子也是一样。生活就像房子,也是需要精心设计的。

常听一些人抱怨:"生活太乏味了,应多点浪漫或激情。"

如果我们能像艺术家一样热爱并设计自己的生活,我们的日子必然会是另外一番模样。

有人说日子如白开水,淡而无味,那你就加点蜂蜜,或者煮开了泡几朵玫瑰花瓣,或者一小撮绿茶,或者冲咖啡……你能做的很多,可以无极限发挥你浪漫的创意,让生活变得不再平淡。生活需要变化,这样才能让人觉得有新鲜感,才能长时间地保持生命的活力。

王小波曾经把人分为有趣和无趣两种。在一个无趣的时代、无趣的社会,做个有趣的人,不容易。要做一个有情趣的人,首先要热爱生活,对万事万物充满爱心;其次要善于观察生活、体验生活,发现生活的情趣;再次要善于运用联想和想象去发现生活中的美和情趣。

纵观历史长河,史上圣人出了不少,有趣的人可不多。

苏东坡是个有趣的人。古人有人生四大乐事之说,苏东坡则认为,人生赏心乐事不单只有四件,而有十六件:清溪浅水行舟;微雨竹窗夜话;暑至临溪濯足;雨后登楼看山;柳阴堤畔闲行;花坞樽前微笑;隔江山寺闻钟;月下东邻吹箫;晨兴半炷茗香;午倦一方藤枕;开瓮勿逢陶谢;接客不着衣冠;乞得名花盛开;飞来家禽自语;客至汲泉烹茶;抚琴听者知音。

从这十六件乐事中,可见苏东坡极热爱生活,乐观入世,也懂得享受生活,是不折不扣的有趣之人。

"生活从来都不缺少美,而是缺少发现。"生活中,追求情趣很重要,它能使我们感到人生的美好,使我们更加热爱生活。一个人不能光知道工作,偶尔要做一些"无用"之事,做有情趣之人。风和日丽时,躺在草地上看云,下雨天打伞听雨声,晚上看月亮数星星,躺在床上胡思乱想自己的前世今生……这些看似无用的事,却能为我们的人生增添不少情趣。

苏盈就是个极富生活情趣的人。虽然她工作很忙,闲暇时间不多,但她却生活得有滋有味,趣味无限。

她有时间就用丝线编织各种小背包,那黑丝线钩织的小包,衬上孔雀蓝的底衬,再缀上各式各样饰物,俨然一件漂亮的工艺品,谁看见都会爱不释手。她家的椅子腿都套上了可爱的毛线套,害得别人去她家都舍不得往椅子上坐,生怕压坏压疼了这些可爱的小生灵。

去她家做客,你能吃到她自己烤制的面包,里面添加了葡萄干、瓜籽、花生仁、核桃、果脯等各色果料,鲜香可口;能尝到她腌制的各色小菜,脆脆的地葫芦,吃起来又香又脆,实在难忘;她熬的腊八粥、包的咸肉粽子、烙的肉饼,都是那么诱人,吊人胃口。

苏盈从来没有因为忙碌的工作而影响自己的生活质量和生活情趣,大家都对她的生活热情佩服得五体投地。

生活中积极向上、善良快乐的人,总是很有生活情趣。无论生活多么紧张、多么繁杂、多么无奈,他们热爱生活的心是不会变的。和这样的人在一起,能鼓舞你生活的信心,让你感悟生活的快乐。

有人把生活比喻成一首歌,但这歌并不总是欢快得令人陶醉,它有忧伤,有凄凉,有哀痛和呻吟。只有真正懂得生活的人才会把它仍然当作一首歌来唱,将自己的嗓音调整到最佳的状态,努力地把握好每一个音节,就连那伤心

145

伤情之处也要表现得凄美而惨烈。

人们常常羡慕功成名就、百事百顺的人,认为他们是生活中的成功者,认为只有这些得到生活回报的人才会对生活充满感激、信心和激情。其实,真正懂得生活的人,对生活充满爱意的人,是那些在生活中遭遇挫折和不幸的人;是那些深知生活在世上,有快乐就有悲伤,有成功就有失败,有苦涩就有甘甜的人;是那些对生活没有过多奢求、认认真真生活的人;是那些把生活本身当作一种幸福的人。

有趣,和身份、地位、年龄无关。有趣幽默之人,并非道貌岸然的学究先生,而是富有理解力之人,也唯有这种人,方能从平凡的生活中寻出无尽乐趣。

当我们对待工作,不,是对待整个生活都像一个艺术家一样,敏锐地洞察每一片段之美,怀着婴儿般的好奇心去探索每一个角落,以超凡的想象力、创造力来做每一件事,这该是多么美妙的事。世界每日常新,有那么多事情等待我们去发现,去创造,去感受,去爱,去超越。

8.热爱生命,才能实现美好的愿望

北大箴言:

> 生命的无常和短暂,不应当成为我们厌弃人生的理由,相反,它激发我们用这样一种态度去生活,那就是:珍惜生命,热爱生命。

杰克·伦敦那篇著名的《热爱生命》的小说里,淘金人历尽苦难和艰辛,从死亡线上挣扎过来,使人们觉得人的生命力是多么强大,人的生存欲望是多么强烈,人在死亡的边沿才会深切感受到生命的可贵。

只有失去过才知道拥有的可贵,然而生命不能做这样的游戏,它只有一次。既然"人身难得",我们更应当珍惜这永不复再的生命。我们应当用虔敬的、感激的、清醒的态度和最大的热情、最大的勇气,去过好生命的每时每刻。

有个叫阿巴格的人生活在内蒙古草原上。有一次,年少的阿巴格和他爸爸在草原上迷了路,阿巴格又累又怕,到最后几乎走不动了。爸爸从兜里掏出5枚硬币,把一枚硬币埋在草地里,把其余4枚放在阿巴格的手上,说:"人生有5枚金币,童年、少年、青年、中年、老年各有一枚,你现在才用了一枚,就是埋在草地里的那一枚,你不能把5枚都扔在草原上,你要一点点地用,每一次都用出不同来,这样才不枉人生一世。今天,我们一定要走出草原,你将来也一定要走出草原。世界很大,人活着,就要多走些地方,多看看,不要让你的金币没有用就扔掉。"在父亲的鼓励下,阿巴格走出了草原。长大后,阿巴格离开了家乡,成了一名优秀的船长。

很多人很想热爱生命,却不得不向生命告别,对他们而言,活着就是一种幸福。当你可以看到那和煦的阳光,可以呼吸着新鲜空气,可以自由地行走于天地间,真真实实地感受到生命的流动易逝,你的存在就是一种幸福。

大仲马在《基督山伯爵》末尾写道:人类的全部幸福就在于希望和等待之中。希望是幸福,等待是幸福,活着是最大的幸福。如果失去生命,伟大的理想、幸福的生活、快乐的人生,这些都只能是我们脑海中的宏伟蓝图而已。只有活着,才能实现美好的愿望。

一位著名的演说家手里高举着一张20美元的钞票,问台下众人:"谁要这20美元?"一只只手举了起来。他接着说:"我打算把这20美元送给你们中的一位,但在这之前,请准许我做一件事。"他说着将钞票揉成一团,然后问:"谁还要?"仍有人举起手来。

他又说："那么，假如我这样做又会怎么样呢？"他把钞票扔到地上，用脚用力碾它，然后拾起钞票，钞票已变得又脏又皱。

"现在谁还要？"还是有人举着手。

"朋友们，你们已经上了一堂很有意义的课。无论我如何对待那张钞票，你们还是想要它，因为它并没有贬值，它依旧值20美元。"

人生路上，我们会无数次被自己的决定或碰到的逆境击倒、欺凌甚至碾得粉身碎骨，正如钞票被揉被碾一样。但无论发生什么，都要相信，我们的生命正如那20美元一样，永远不会流失价值，我们要把自己的生命当成无价之宝。

生命的美好不在于每时每刻的美好，而是因为丰富多彩而美好。热爱生命，不仅要爱美好的结果，也要爱艰辛曲折的过程。你应该以珍惜的目光看待自己的生命，用自己的热情去维护、浇灌自己的生命之花，不要因为生活中小小的不如意而私下扭曲生命的辉煌，更不能轻言放弃生命的脉搏。

珍惜生命就要珍惜今天。昨天的太阳再也照不到今天的树叶，而今天的树叶也不再是昨天的那一片。我们要认真面对生命中的每一分钟，这样我们的年华才不会虚度。

生命需要用真心演绎，需要尽全力走好每一步，需要用心呵护。生命的道路就是美的极致，每朵花都有其独特的色彩，每颗星都有其璀璨的光芒，每缕清风都会送来凉爽，每滴甘露都会滋润原野……生命是每个人的财富，世界因有了生命而绚丽多姿、生机勃勃，让我们热爱与珍惜自己的生命，把握人生中的每一分每一秒。

9.要想让自己好运连连,就必须自己策划运气

北大箴言:

无可否认,相貌、恩宠、施展才华的机会,甚至别人的死亡、出生逢时等这些外在的偶然事件,都可以促成一个人的幸运。但,命运还是掌握在自己手中。

贝多芬在28岁之时,先是双耳失聪,之后贫穷和失恋接踵而来,但他知难而进,紧紧扼住命运的咽喉,顽强地在音乐世界里寻找自己的希望,创作出了不朽名作《命运交响曲》;法国现代科学幻想小说的鼻祖儒勒·凡尔纳,一生创作了一百多部作品,其第一部小说《气球上的星期五》寄往15家出版社都被退了回来,但儒勒·凡尔纳并不气馁,最后,稿子终于被第16家出版社出版,从此一举成名;英国著名元帅勒菲弗向别人解释他的财产和好运时说:"你们不要嫉妒我,请记住,我是在枪林弹雨、出生入死中才达到你现在所发现的这种成功状态的。我起码冒过在非常近的距离内被敌人射杀1000次以上的危险。"

西班牙作家塞万提斯说得好:"勇敢者开拓自己的命运之路,每个人都是自己命运的开拓者。"成功不是一件轻而易举的事,但也不是高不可攀。实际上,在每个光彩显赫的人的后面都有一部辛酸的血泪史。只是他们成功的光环笼罩了一切,使你看不到背后的阴影。众人只知道羡慕、景仰他们,却不知他们为此付出了巨大代价。

在大多数人眼中,成功的人总是会受到上天的眷顾。但也有一些人只要发现有人在某一领域取得成功,就会很随便甚至用轻蔑的口气说:"这个人的运气真好,是好运帮了他!"其实这种人永远都不能了解一个真理:每个人都是自己命运的设计师。

著名文学家茅盾先生对宿命论的批判可谓一针见血,他说:"命运,不过

是失败者无聊的自慰,怯弱者的嘲解。人们的前途只能靠自己的意志、自己的努力来决定。"

在洛克菲勒涉足石油业前,克利夫兰石油业一片混乱,90%的炼油商已经快被日益剧烈的竞争压垮,如果不把厂子卖掉,他们就只能眼睁睁地看着自己走向灭亡。洛克菲勒认为这是收购对手的最好时机。

然而,在此时采取收购行动似乎不太道德,但这的确与良知无关,企业就如同战场。于是,洛克菲勒决定先下手为强,以高出市值的价格,收购了对自己炼油厂虎视眈眈的强劲对手,取得了世界最大炼油商的地位。并且,在以后不到两个月的时间里,他陆续收购了22家竞争对手,成为那场收购战的大赢家。过了不到3年,他继续征服了费城、匹兹堡、巴尔的摩的炼油商,成了全美炼油业的唯一主人。

洛克菲勒在给儿子的信中说道:"我不靠天赐的运气活着,但我靠策划运气发达。我相信好的计划会左右运气,甚至在任何情况下,都能成功地影响运气。"

命运是由一连串的机遇联结而成的,自己的一生是否精彩,关键在于能否抓住这些机遇。唯有明了人生智慧的聪明人,才不会错失任何可能的机会。愚蠢的人一次次以种种借口坐失良机,而聪明的人则能够把仅有的机会利用到极限,甚至创造机遇。

人要想有所作为,就不能只是原地等待幸运降临。世界上什么事都可能发生,就是不会发生不劳而获的事。要想让自己好运连连,就必须要精心策划运气。好的计划会左右运气,甚至能成功地创造运气。设计运气,就是设计人生。所以,与其等待运气来敲门,不如主动出门去找他。

人生总会有低谷与高峰,只有那些在崎岖的道路上不畏劳苦,勇于战胜困难,不为命运所屈服,始终抱定自己的目标不懈努力的人们,才能登上光辉的顶峰。

哲学家尼采曾这样告诫我们："那些受尽苦难、孤立无援、饱尝凌辱的人，不要被妄自菲薄、自惭形秽和颓唐压得抬不起头，你们唯一所能依靠的就是自己，就是自己生命的力量！"

在我国，先哲也说过："路漫漫其修远兮，吾将上下而求索。"成功从来都是和奋斗紧密相连的，而绝不是命运的恩赐。要么你驾驭生命，要么生命驾驭你，你的心态决定你是坐骑还是骑手。我们要像《老人与海》里的老人那样，可以被消灭，却不可以被打败。

第七课

沉住气，才能成大器

放纵自己的欲望是最大的祸害；谈论别人的隐私是最大的罪恶；不知自己的过失是最大的病痛。

——亚里士多德（古希腊哲学家）

1.恃才傲物的人必然会四处碰壁

古人说："君子要聪明不露，才华不逞。"聪明、有才华是好事，这是事业成功的资本。但是，如果你把这当作向别人炫耀自己的资本，过分外露自己的聪明才华，结果往往是得不偿失，甚至会导致你人生的失败。所以，当我们处于被动境地时，一定要学会藏锋敛迹、装憨卖乖，千万不要把自己变成对方射击的靶子。

三国时的祢衡，恃才傲物，"见不如己者不与语"，走到哪里都希望得到别人的尊重，别人稍有不逊，便破口大骂。不过，祢衡的朋友孔融非常看好祢衡，在曹操面前力荐祢衡。

一天，祢衡来到曹营，以为曹操会对他施大礼，让高座，敬重三分，没有想到曹操对他的态度与一般谋士并无两样。祢衡觉得自己没有受到应有的礼遇，便决定为自己讨个说法。他在曹操面前把魏军中机智过人的谋士、勇不可当的将军都贬得一文不值。祢衡视别人为无用之物，却吹嘘自己"天文地理，无一不通；三教九流，无所不晓；上可以致君为尧、舜，下可以配德于孔、颜。岂与俗子共论乎"。

对这个目空一切的狂徒，曹操当然不会收留，而是强行把祢衡押送到了荆州，送给了荆州牧刘表。在刘表那里，祢衡得到了上宾般的礼遇，刘表还让他掌管荆州官府所有的文件材料。但祢衡却因为自己的高傲，对刘表左右的人很是不客气，最后弄得怨声载道，所有的人没有不被祢衡骂过的。他们纷纷在刘表的面前说祢衡坏话,刘表只好让祢衡走人。刘表知道江夏太守黄祖性格火暴,肯定容不下祢衡这样的人,就让祢衡去了黄祖那里工作。

祢衡和黄祖的儿子黄衡是好朋友,这次祢衡跟着黄衡来到江夏,黄祖也是久闻其才,让祢衡出席一些宴会。可是没几次,祢衡的老毛病就犯了,见谁都不顺眼,见谁骂谁,还在宴会上对黄祖来了个全面的评价。这次,黄祖没有容忍他的狂妄,让手下人一刀结果了他的性命。

记住,人外有人,天外有天,恃才傲物终究会遭人厌恶,落个"聪明反被聪明误"的下场。

现实生活中,很多人就是因为急于表现自己的才智,希望得到认可,却不知,正是因为如此才导致他们四处碰壁、举步维艰。

陈峰年纪轻轻就成为一家银行的经理,并通过自己的能力,使银行各方面的业务都成为同行业里面的佼佼者,吸引了一大批储户,市场的投资回报率竟达到了36%。这让陈峰颇为自傲,扬言要在3年内把储户数量再翻一番,同时还嘲笑其他银行没有竞争力,早晚要破产。

陈峰的不可一世终于惹来了同行的愤怒,他们联合了起来,筹集了上百万美元资金,然后在陈峰的银行开了个活期存款,开了几百个户头。随后,他们约定好时间,让储户在一个月后的同一时间集体去提款,在陈峰的银行大厅里排起了长长的队伍。在排队伍的同时,他们又在外面大放谣言,说陈峰的银行资金发生了问题,从而引起了别的储户的恐慌,纷纷向该银行提款。一时间,银行里挤满了提款的人。这次挤兑使陈峰的银行遭受了巨大损失。

人不可没有傲骨,但绝对不能有傲气,骄傲只会让你成为众人厌恶的对象。自信是好事,但是过分的自我感觉良好则是一种无知,很可能导致你名誉扫地;才高是好事,但如果处处显摆、自以为是,就会伤人伤己;权重也是好事，但如果骄傲自大、盛气凌人、远离群众，则必会惹人厌烦。所以，无论何时何地，都应该谦逊低调，放低姿态做人。

任何一件事情都需要从两个方面来考虑。拿炫耀来说，原本是为了得到认可，结果却遭到了排斥。既然如此，不妨从相反的角度来考虑：放弃炫耀，低调一些。尽管这不能满足你一时的虚荣，却也不会给你带来任何坏处。总的来说，这才是获取最大收益的处世之道。

当你志得意满时，切不可趾高气扬、目空一切、不可一世，要战胜盲目、骄傲、自大的心理，凡事不要太张狂、太咄咄逼人，要让才华含而不露、适可而止、有所节制。在有效地保护自我的同时，又能充分发挥自己的才华，这是做人的一条重要原则。

2.争来的"面子"是假的，养来的"心气"才是真的

北大箴言：

人们往往就是太执着，而有分别心，是你，是我，划分得清清楚楚，以致我爱的拼命去求、去争、去嫉妒，心胸狭窄，处处都是障碍。

生活中，我们经常看见很多人为了一点小事就怒容满面，甚至与其他人大打出手，这是欲成大事者的大忌。要知道，愤怒情绪是一种心理病毒，克制愤怒是人生的必修课，那些怒火横冲直撞而不加抑制的人是难成大器的。

明神宗时，曾官至户部尚书的李三才可以说是一位好官。为什么这么说呢？当时他曾经极力主张罢除天下矿税，减轻民众负担。而且他嫉恶如仇，不愿与那些贪官同流合污。但是他在"忍"上的造诣却着实太差。

有一次上朝,他居然对明神宗说:"皇上爱财,也该让老百姓得到温饱。皇上为了私利而盘剥百姓,有害国家之本,这样做是不行的。"李三才毫不掩饰自己的愤怒,说话丝毫没有客气,这样的行为激怒了明神宗,他也因此被罢了官。

后来,李三才东山再起,有许多朋友都担心他的处境,劝他说:"你嫉恶如仇,恨不得把奸人铲除,这是好事,但也不能喜怒挂在脸上,让人一看便知啊。和小人对抗不能只凭愤怒,你应该巧妙行事。"李三才则不以为然,反而认为那样做是可耻的,他说:"我就是这样,和小人没有必要和和气气。小人都是欺软怕硬的家伙,要让他们知道我的厉害。"结果没过多久,李三才又被罢了官。

回到老家后,李三才的麻烦还是不断。朝中奸臣担心他再被重新起用,于是继续攻击他,想把他彻底斗垮。御史刘光复诬陷他盗窃皇木,营建私宅,还一口咬定李三才勾结朝官,任用私人,应该严加治罪。李三才愤怒异常,不停地写奏书为自己辩护,揭露奸臣们的阴谋。

他甚至在奏折中毫不掩饰自己对皇帝的愤怒情绪:"我这个人是忠是奸,皇上应该知道的。皇上不能只听谗言,如果是这样,皇上就对我有失公平了,而得意的是奸贼。"

最后,明神宗再也受不了他了,便下旨夺去了先前给他的一切封赏,并严词责问他,李三才自此彻底失败了。

古人常说"喜怒不形于色",而李三才却不明白此点,不分场合、不分对象地随意发怒,自然只能产生失败的后果。

有一个傲气十足的富商来到寺院,站在财神面前说:"你有什么?还不是依靠我的贡品,你才能活下去?"

禅师听到后很生气,就把富商带到窗前说:"向外看,告诉我,你看到了什么?"

"看到了许多人。"富商说。

禅师又把他带到一面镜子前，问道："你看到了什么？"

"只看见我自己。"富商回答。

禅师说："玻璃镜和玻璃窗的区别只在于那一层薄薄的银子，这一点点可怜的银子，就叫有的人只看见他自己，而看不见别人了。"

富商面带愧色地离去。

"事临头，三思为妙，一忍最高。"你应当提高自己控制浮躁情绪的能力，时时提醒自己，并有意识地控制自己情绪的波动。千万不要动不动就指责别人，喜怒无常。改掉这些坏毛病，努力使自己成为一个容易接受别人和被人接受、性格随和的人，只有这样的人才能成大事。

如果你智慧圆融，那就更应含蓄谦虚，像稻穗一样，因为米粒越饱满而垂得越低。真正的智慧人生，必定要有诚意谦虚的态度。有智慧才能分辨善恶邪正，有谦虚才能建立美满人生。

做事，一定要秉持着"正"与"诚"的原则；而待人，则要有"宽"与"忍"的态度。要以超然的形态、宽大的心胸来容纳任何人。真正的圣人，既刚强又柔韧，他的强是柔中带刚、刚中带柔，柔能调服众生，刚能坚强己志。

竞争孕育了伤害的因子。只要有竞争，就会有上下之别、前后之分、得失之念、取舍之难，世事也就不得安宁了。不争的人才能看清事实，而一旦争了就乱了，乱了就犯了，犯了就败了。要知道，普天之下，并没有一个真正的赢家。

俗话说：人争一口气。其实，真正有修养的人会把这口气咽下去，着重培养好自己的气质，而不是去争所谓的"面子"。因为他们清楚，争来的是假的，养来的才是真的。

3.即使自身具备再优越的条件,一次也只能脚踏实地迈一步

"没有人能随随便便成功",这是一句歌词,也是一条真理。

"随便"是指空想、浮躁,只有去掉这些,发扬务实的精神,万丈高楼才能拔地而起。

初入社会是一个人的品质和生涯定格的时期,如果你能在这个时期树立起务实的精神,扎扎实实地练就基本功,还有什么能阻碍你成功呢?

即使自身具备再优越的条件,一次也只能脚踏实地地迈一步。这是十分简单的道理。然而,很多初入社会的年轻人,在步入社会后,却把这么简单的道理忘记了。他们总想一步登天,恨不得第二天一觉醒来,就能摇身一变,成为像比尔·盖茨一样的成功人物。他们对小的成功看不上眼,觉得从基层做起很丢面子,他们认为凭自己的条件做那些工作简直是大材小用。他们有远大的理想,但又缺乏踏实的精神,最终只能四处碰壁。

任何一个人的成功都不是靠空想得来的,只有踏踏实实、一步一个脚印地去尝试、去体验,才能最终取得成功。不管你拥有过怎样知名学府的毕业证书,也不管你获得过怎样高的奖励,你都不可能在踏出校门的第一天就获得百万年薪,更不可能开上公司所配的"宝马"跑车,这些都需要你踏踏实实地去干、去争取。如果你不能改掉眼高手低的坏毛病,那么,不但在初入社会

时会遭遇挫折，以后的社会旅程都将布满荆棘。

20世纪70年代，麦当劳公司看好中国台湾市场，决定在当地培训一批高级管理人员。他们最先选中了一位年轻的企业家，但是，商谈了几次都没有定下来。最后一次，总裁要求那个企业家带上他的夫人来。

当总裁问道："如果要你先去打扫厕所，你会怎么想？"那个企业家立即沉思不语，脸上还出现了尴尬的神情。他在想：要我一个小有名气的企业家打扫厕所，大材小用了吧？这时，他的夫人却说道："没关系，我们家的厕所向来都是他打扫的！"就这样，那个企业家通过了面试。

让那个企业家没有想到的是，第二天一上班，总裁就先让他去打扫了厕所。后来他晋升为高级管理人员，看了公司的规章制度后才知道，麦当劳公司训练员工的第一课就是先从打扫厕所开始，就连总裁也不例外。

创维集团人力资源总监王大松曾经说："年轻人只有沉得下来才能成就大事。无论你多么优秀，刚出校门，到了一个新的领域或新的企业，就想着搞策划、搞管理，可是你对新的企业了解多少？对基层的员工了解多少？没有哪个企业敢把重要的位置让刚刚走出校门的人来掌管，那样做无论对企业还是对毕业生本人都是很危险的事情。"

所以，要想获得事业的成功，就先要去掉身上的浮躁之气，培养起务实的精神，扎扎实实打好基础。基础打好了，你事业的大厦才可能拔地而起。

戒掉浮躁之气并不困难，只需把自己看得笨拙一些，这样，你就能很容易放下什么都懂的假面具，有勇气袒露自己的无知，毫不忸怩地表示自己的疑惑，不再自命不凡、自高自大，培养起健康的心态。这有利于你更快更好地掌握处理业务的技巧，提高自己的能力，还能给上司和同事留下勤学好问、严谨认真的好印象。

拥有笨拙精神的人，可以很容易地控制自己心中的激情，避免设定高不可攀、不切实际的目标，不会凭着侥幸去瞎碰，也不会为了潇洒而放纵，而是

159

认认真真地走好每一步,踏踏实实地用好每一分钟,甘于从不起眼的小事做起,并能时时看到自己与成功之间的差距。

认真扎实地去做基础工作,是培养务实精神的关键。越是别人不屑去做的工作,你越要做好。工作能力是有层级的,只有从基础做起,处理好小事,才能打好根基,培养起处理大事的能力。

你还要保持一颗平常心,坦然地去面对一切。小有成就时,不可太得意;遇到挫折时,也不要消极失望。保持"不以物喜,不以己悲"的心态,会使你更加关注自己的工作,并集中精力做好它。

此外,还要切忌急于求成。事业的成功需要一个水到渠成的过程,急于求成可能会导致功败垂成。

总之,不管你从事的是哪一行哪一业,成功都自有其既定的路径和程序,一步一步地来,成功自然会在不远的地方等着你;想一步登天,成功就会跑得比你更快,让你永远都追不上。

4.施展个人才华时,要根据情况适当保留一些

北大箴言:

人要谦虚一些,低调一些。

著名的古典主义哲学家老子认为,有智慧的人应该具备一种"大成若缺"、"大盈若冲"、"大直若屈"、"大巧若拙"、"大辩若讷"的内敛功夫:真正技术高明的人,总是看起来普普通通;真正辩才无碍的人,总是看起来木木讷讷。只有这样才能够在为人处世上游刃有余,置危险于身外。

如此看来,有才能的人不一定是幸福的人,因为才能不仅能带来荣耀,更能导致灾难。才能让人羡慕,也让人嫉妒。才能出众如同树大招风,心胸狭窄

的无能之辈总是会与有才能的人为仇。因此，有才能的人更应懂得内敛的重要性，懂得如何去运用它。

唐代大诗人白居易才高八斗，刚直耿介。他在朝为官时，许多无才无德的小人都会重点攻击他。

一次，唐宪宗召见白居易，对他说："你诗名很大，为人忠直，不像是个奸诈之人，可为什么总有人弹劾你呢？"

白居易说："皇上自有明断，我说什么也是无用的。不过依我看来，我和那帮人道不同不相为谋，一定是他们嫉恨我的才华忠直。否则，我和他们无冤无仇，他们为什么会无端诬陷我呢？"

白居易自知难与小人为伍，于是不屑掩饰锋芒，他对那些无能之辈常出口讥讽，不留半点情面。

一次，朝中一位大臣作了一首小诗，奉承他的人不在少数。白居易看过小诗，却哈哈一笑，说："如果说这是一首好诗，那么天下人都会写诗了。"

事后，白居易的一位朋友劝他说："你身处官场，不应该当众羞辱别人。这不是和朋友谈诗论道，在朝堂上若讲真话，人家只会更加恨你。"

白居易说："我最看不惯不懂装懂之人，本来我不想说，可还是控制不住。"白居易自恃有才，说话办事少了许多圆滑，即便是对皇上，他也大胆进言，只要他认为不对的事，他就直言上谏，全没有任何禁忌。

河东道节度使王锷为了晋升官职，将很多从百姓那里搜刮来的财物献给了朝廷，唐宪宗便准备升其为宰相。

朝中大臣都没有意见，只有白居易站出来反对。唐宪宗生气地说："难道因为你是个才子，就该与众不同吗？你每次都和我唱反调，是何居心？"

皇上发怒了，嫉恨他的小人趁势说他恃才傲物、目中无人。一时间，白居易的处境格外恶劣，孤立无援。

大臣李绛同情白居易，劝他收敛锋芒，说："一个人如果因为才高招来八方责难，他就该把自己装扮得平庸些。你的见识虽深刻远大，但不可显示出来，你为什么总也做不到呢？这也是为官之道，不可小看。"

最后，白居易还是因为上谏惹祸，被贬出朝廷。白居易的才能人所共知，他尽忠办事、见解高明，却不能建功，只因他的才能过于外露，优点反变成了缺点。

内敛，是一种为人处世的方式。不以物喜，不以己悲，是一种内敛；智欲圆而行欲方，也算一种内敛；凡事不张扬，得意不忘形，富足时不骄矜，位卑或者贫穷时不谄媚，更是一种内敛。

在看小说、听评书时，我们都知道，镖局这个旧行当在古代曾经盛极一时。在故事中，镖局的人身怀武功，遇人处事都胜人一等，当着别人的面剑拔弩张、趾高气扬，甚至喜怒溢于言表，也自有底气。可事实上，镖局恰恰应该是内敛型的。

镖局的对头是强盗，但当镖局遇见强盗，并非上来就是拳脚相加，而是把自己先收敛起来，讲行话，论人缘，拉交情，谈潜规则，不到万不得已绝不动手。因为强中自有强中手，真打起来，自己未必能占便宜。强盗拦住镖车，镖局的人要抱拳拱手，打个招呼：当家的辛苦了！镖局心里明白，自己这碗饭就是因强盗而得，对方才是当家的。如果对方问：穿的谁家的衣？回答就是：穿的朋友的衣！又问：吃的谁家的饭？再答：吃的朋友的饭！

人家听得高兴，自己说的又是事实，两下里一畅快，也就过去了。当然，这也是当时的情况，也有一些强盗不买账的，那时"道上自有一套道上的规矩"，有些底线自知不可轻易破坏，一旦破坏就会丧失立命之所。

如果古时候的强盗和镖局的人都不知道内敛，上来就兵戈相见，那谁都都无法吃好自己的"饭"。

为人处世，当谦虚谨慎，虚怀若谷，内敛而不张扬，即使你的才华在众人之上，在必要的时候还是保留一些比较好。

古人云："君子泰而不骄，小人骄而不泰。"说的就是仪表、行为上的差异。它告诫我们，在日常的生活、工作中，要时刻注意自己的言行举止，懂得在谦虚中善学，懂得在内敛中进步，而不要不知天高地厚，摆出一副唯我独尊、锋芒毕露的骄姿傲态。

5.给人留余地，也就是给自己留后路

北大箴言：

凡事有因必有果，有果必有因。天网"网开一面"是因为上天有好生之德，给人以反省检讨的机会，因此才有那句俗语："穷寇莫追。"

生活中，人与人之间有着千丝万缕的联系，所以，凡事都不要做得太绝，给人留余地的同时，也是在给自己留后路。

有这样一则寓言：有一天，狼发现山脚下有个洞，各种动物由此通过。狼非常高兴，它想，守住山洞就可以捕获到各种猎物。于是，它堵上了洞的另一端，等着动物们来送死。

第一天来了一只羊，狼追上前去，羊拼命地逃。突然，羊找到了一个可以逃生的小偏洞，从小洞逃了出去。狼气急败坏地堵上了这个小洞，心想，再也不会功败垂成了吧。

第二天来了一只兔子，狼奋力追捕，结果，兔子从洞侧面更小一点的洞逃了出去。于是，狼把类似大小的洞全堵上了。狼心想，这下万无一失了，别说羊，与兔子大小接近的狐狸、鸡、鸭等小动物也都跑不了。

第三天来了一只松鼠，狼飞奔过去，追得松鼠上蹿下跳。最终，松鼠从洞

163

顶上的一个小道跑掉了。狼非常气愤,于是,它堵住了所有窟窿,把整个山洞堵得水泄不通。狼对自己的措施非常得意。

第四天来了一只老虎,狼吓坏了,拔腿就跑,老虎穷追不舍。狼在山洞里跑来跑去,想要逃出去,但所有的出口都被它堵起来了。最终,这只狼被老虎吃掉了。

对这一案例,各界人士说法不一。

哲学家说:绝对化意味着谬误。

宗教家说:堵塞别人生路意味着断自己的退路。

环境学家说:破坏原生态平衡者必自食其果。

经济学家说:预算和计划都要留有余地。

军事家说:除非你是百兽之王,否则,别想占有整个森林。

法学家说:凡规则皆有例外,恶法非法。

政治学家说:绝对的权力导致绝对的腐败,绝对的腐败必然导致彻底的失败。

渔民说:一网打尽,下一网打什么?

农民说:不留种子就是绝种绝收。

……

总之,人的生存与发展,依赖于千丝万缕的社会关系,所以无论做什么事,都不能做得太绝,得为自己留一条后路。

在人与人的交往中,有一些人为了追求个人利益的最大化而对别人不管不顾,甚至在别人身处逆境时落井下石,这样的做法是极其愚蠢的。因为一个人再成功,也不能保证自己永远没有倒霉的时候,把事情做绝了,到时谁又会向你伸出援手呢?

在一个茫茫沙漠的两边,有两个村庄。从一个村庄到另一个村庄,如果绕过沙漠走,至少需要马不停蹄地走上20多天;如果横穿沙漠,则只需要3天就能抵达。但横穿沙漠实在太危险了，许多人试图横穿沙漠，结果无一生还。

有一天，一位智者经过这里，让村里人找来了几万株胡杨树苗，每半里一棵，从这个村庄一直栽到了沙漠那端的村庄。智者告诉大家说："如果这些胡杨有幸成活了，你们可以沿着胡杨树来来往往；如果没有成活，那么每一个走路的人经过时，要将枯树苗拔一拔、插一插，以免被流沙给淹没了。"

这些胡杨苗栽进沙漠后，并没有存活下来，很快就全部被烈日烤死了，成了路标。沿着"路标"，在这条路上，大家平平安安地走了几十年。

有一年夏天，村里来了一个人，他坚持要一个人到对面的村庄去。大家告诉他说："你经过沙漠之路的时候，遇到要倒的路标一定要向下再插深些；遇到要被淹没的路标，一定要将它向上拔一拔。"

那人点头答应了，然后就带了一皮袋的水和一些干粮上路了。他走啊走，走得两腿酸累、浑身乏力，一双草鞋很快就被磨穿了，但眼前依旧是茫茫黄沙。遇到一些就要被尘沙彻底淹没的路标，这个人想："反正我就走这一次，淹没就淹没吧。"他没有伸出手去将这些路标向上拔一拔；遇到一些被风暴卷得摇摇欲倒的路标，这个人也没有伸出手去将这些路标向下插一插。

但就在这人走到沙漠深处时，寂静的沙漠突然飞沙走石，有些路标被淹没在厚厚的流沙里，有些路标被风暴卷走了，没有了影踪。

这个人像没头的苍蝇似的东奔西走，却怎么也走不出这个大沙漠。在气息奄奄的那一刻，这人十分懊悔：如果自己能按照大家吩咐的那样做，那么即便没有了进路，还可以拥有一条平平安安的退路啊！

是的，给别人留路，就是给我们自己留路。善待他人，关爱他人，实际上就是善待自己，关爱自己。

在一场激烈的战斗中，连长忽然发现一架敌机向阵地俯冲下来。照常理，发现敌机俯冲时要毫不犹豫地卧倒。可连长并没有立刻卧倒，因为他发现离他四五米远处，有一个小战士被吓得傻站在那儿。他顾不上多想，一个鱼跃飞身将小战士紧紧地压在了身下。此时一声巨响,飞溅起来的泥土纷纷落在他们的身上。连长拍拍身上的尘土,抬头一看,顿时惊呆了:刚才自己所处的那个位置被炸出了两个大坑。

故事中的小战士是幸运的,但更加幸运的是那个连长,因为他在帮助别人的同时也帮助了自己!

要知道,在前进的路上,搬开别人脚下的绊脚石,有时恰恰是为自己铺路。所以,一个高明的人往往是个心胸宽广的人,缺乏智能的人才会在得饶人处不饶人,最终断绝自己的后路。

6.小聪明不是真正的聪明

北大箴言:

肯低头看路的人,走路就不会跌进坑里。

有些人在做事前,总会先费尽心思地盘算着能不能偷工减料,能不能找到解决问题的小窍门、小技巧,甚至不惜损害他人的利益来达到自己的目的。这些人总以为自己很聪明,可事实证明,越是自作聪明的人,越是容易"聪明反被聪明误"。

人有些小聪明并不为过,但是我们不应当将所有的希望、将事物的成败都寄予在那些"小聪明"上,更多的时候,我们需要的是脚踏实地地去行动、去努力,而不是依靠投机取巧。

世界上最伟大的哲学家之一柏拉图正和他的学生走在马路上。这名学生是柏拉图的得意弟子之一,他很聪明,总是能在很短的时间之内领会老师的意思;他很有潜力,总是能提出一些具有独特视角的问题;他也很有理想,一直希望自己能够成为像老师一样伟大,甚至比老师还要博学的哲学家。但是,他常常自恃聪慧,不愿意在学识上多下功夫,自认为聪明能敌过他人的努力。

柏拉图认为,他还需要生活的历练,还需要更加刻苦。柏拉图曾经语重心长地对这名学生说过一句话:"人的生活必须要有伟大理想的指引,但是仅有伟大的理想而不愿意脚踏实地,一步一个脚印地朝着理想奋进,那也就不能称为完美的生活。"

这名学生知道老师是在教导自己要脚踏实地,但他认为自己比别人聪明,总能用一些技巧轻易地解决问题,自己的理想也比别人的更加伟大,所以只要自己想做,总能轻易地取得成功。

柏拉图也相信,这名学生能够做出一番大事业,但他只看到大目标而不顾脚下道路的坎坷以及自身的缺点,这会给他的成功带来阻碍。柏拉图一直想找一个合适的机会让学生自己意识到他的这一缺点。一天,柏拉图看到他们前面的不远处有一个很大的土坑,这个土坑周围还有一些杂草,平常人们只要稍加注意就可以绕过这个土坑,但柏拉图知道他的学生在赶路时经常不注意脚下。于是,他指着远处的一个路标对学生说,"这就是我们今天行走的目标,我们两个人今天进行一次行走比赛如何?"学生欣然答应。

学生正值青春年少,他步履轻盈,很快就走到了老师的前面,柏拉图则在后面不紧不慢地跟着。柏拉图看到,那个土坑已经近在咫尺了,他提醒学生"注意脚下的路",而学生却笑嘻嘻地说:"老师,我想您应该提高您的速度了,您难道没看到我比您更接近那个目标了吗?"

他的话音刚落,柏拉图就听到了"啊"的一声叫喊,学生已经掉进了土坑里,这个土坑虽然没有让人受重伤的危险,却足以使掉下去的人无法靠自己的力量上来。

学生现在只能在土坑里等着老师过来帮他了,柏拉图走过来了,他并没有急着去拉学生,而是意味深长地说:"你现在还能看到前面的路标吗?根据你的判断,你说现在我们谁能更快到达目的地呢?"

聪明的学生已经完全领会了老师的意思,他满脸羞愧地说:"我只顾着远处的目标,却没走好脚下的每一步路,看来还是不如老师呀!"

一个人拥有智慧的头脑是值得骄傲的,但是聪明并不代表着一切,聪明是天赋,是先天的优势,但是成功却等于1%的天赋加上99%的汗水。倘若你比他人有天赋,那只能说明你比他人离成功更近,你可能比别人更早地获得成功,但这并不代表你已经成功了。想要成功,你还必须付出实践和努力。

聪明也并不代表智慧。很多人在不同的方面都有些小聪明,但真正有大智慧的人却寥寥无几。

莎士比亚提醒我们,千万不要自作聪明,变成"一条最容易上钩的游鱼","用自己全副的本领"来"证明自己的愚笨"。一个人如果把心思过多地用在小聪明上,他必定没有精力去开发和培植他的大智慧。

聪明和智慧是两个不同的概念。智慧有益无害,聪明益害参半,把握得不好的小聪明则贻害无穷。

拥有太多小聪明的人,往往都目光短浅,只顾追逐眼皮底下的小利,而看不到长远的根本利益;相反,具有大智慧者很少会在众人面前炫耀自己的聪明才智,他们更不会自作聪明地干一些实际上愚蠢至极的事情。真正的聪明者并不需要通过投机取巧来加以表现,自作聪明者反而常常被自以为是的小聪明所累。

从前有个小男孩,他非常聪明,但在长久的夸奖声中,他渐渐变得懒惰,想靠投机取巧来获得成功。

这天,小男孩有幸和上帝进行了对话。

小男孩问上帝:"一万年对你来说有多长?"

上帝回答说:"像一分钟。"

小男孩又问上帝:"一百万元对你来说有多少?"

上帝回答说:"相当一元。"

小男孩对上帝说："你能给我一元钱吗？"

上帝回答说："当然可以，请你稍候一分钟。"

一位哲人说过："投机取巧会导致盲目行事，脚踏实地则更容易成就未来。"

世界上绝顶聪明的人很少，绝对愚笨的人也不多，一般人都具有普通的能力与智商。但是，为什么许多人都无法取得成功呢？

一个最重要的原因在于他们习惯于投机取巧，总喜欢用小聪明来替代必须付出的心血，不愿意付出与成功相应的努力。人们都懂得"宝剑锋从磨砺出，梅花香自苦寒来"的道理，可是一旦轮到自己做事，马上就又回复到"投机取巧"的"捷径"上来了。

投机取巧会使人堕落，无所事事会令人退化，只有勤奋踏实地工作才是最高尚的，才能给人带来真正的幸福和乐趣。成功者的秘诀就在于他们能够摒弃"投机取巧"的坏习惯，无视那些小聪明，用自己的努力开创属于自己的辉煌。

"机关算尽太聪明，反误了卿卿性命。"聪明是好事，但要用在适当的地方，才能显示出其真正的价值。想投机取巧、不劳而获，聪明只能把你带入失败的深渊。

7.给你劝告的人，往往值得你信任

北大箴言：

人与人之间最大的信任，在于能够提出劝告的信任。

能够得到别人的劝告是一件幸事，因为给你劝告的人，往往最值得你信任。要知道，批评一个人是需要很大勇气，冒很大风险的。谁都知道"多栽花，少栽刺"的道理。一般而言，人们都喜欢听好话，即便明知对方是在阿谀奉承自己，心里也是美滋滋的，对那些甜言蜜语欣然笑纳；而对于规劝自己的肺腑之言，则常常不爱听，不想听，不乐意采纳，对规劝自己的好心人也抱着反感、疏远甚至仇视的态度。

还需指出的是，智者只对值得批评的人提出批评意见，而对不值得批评的人根本不会去说他，以免冒被人仇视的风险。

耕柱是一代宗师墨子的得意门生，不过，他老是挨墨子的责骂。有一次，墨子又责备了耕柱，耕柱觉得自己非常委屈，因为在墨子的许多门生之中，他被公认是最优秀的，但他却偏偏常遭到墨子的批评，这让他觉得很没面子。

一天，耕柱愤愤不平地问墨子："老师，难道在这么多门生中，我竟是如此差劲，以至于要时常遭您老人家责骂吗？"

墨子听后反问道："假设我现在要上太行山，依你之见，我是应该用良马来拉车，还是用老牛来拖车？"

耕柱回答说："再笨的人也知道要用良马来拉车。"

墨子又问："那么，为什么不用老牛呢？"

耕柱回答说："理由非常简单，因为良马足以担负重任，值得驱遣。"

墨子说："你答得一点也没有错。我之所以时常责骂你，也是因为你能够担负重任，值得我一再教导与匡正。"

听了墨子这番话，耕柱立刻明白了老师的良苦用心，从此再也不以遭受批评为耻，而是更加发奋努力，终于成为墨子的继承人。

在生活中、工作中，我们难免会碰到一些给我们找点刺、挑点小毛病的人，虽然这些人的话让我们如梗在喉，但在我们的成长中，这类人却不可或缺，因为他们可以让我们时时警惕，少犯错误。一个人如果缺少了提醒，缺少了约束，那么他离身败名裂的日子也就不远了。古今多少腐败案例，探其根源,皆是因缺少了权力的监督,个人可以随心所欲,为所欲为,只手遮天,以至于走上了不归路。

有位将军,领兵作战二十余年从未有过败绩,他熟读《孙子兵法》和《六韬》,并且对历代阵法颇有研究,打起仗来更是英勇无敌,的确是一个不可多得的勇将,他的赫赫战功令敌军一听到他的名字便闻风丧胆。所以,他很受皇帝的器重,掌握着全国的兵权,成为了"一人之下,万人之上"的重要人物。

这位将军手下有个谋士,此人足智多谋,从将军带兵打仗时便跟随他左右,为他出谋划策,将军和这位谋士亲如兄弟,不分彼此。

有一天,将军接到圣旨,说邻国敌军带兵来犯边境,命令将军立刻带兵迎敌。

将军接旨后不敢怠慢,立即点齐兵马准备出发,谋士自然跟随前往。

两军对垒,将军连胜数阵,把来犯的敌军打得落花流水,抱头鼠窜。皇帝闻知这个消息后,特意派人送来千两黄金以示嘉奖。

将军高兴得合不拢嘴,拉着谋士说今晚要一醉方休!但出乎将军意料的是,谋士并没有显现出高兴的神情,反而一脸愁容。

谋士沉思了片刻,对将军说:"你不觉得这场仗胜得很蹊跷吗?原来我们和敌军交战时,有过这样轻松取胜的记录吗?从来没有过。敌军既然来犯,势必来势汹汹,可是,我感觉他们好像全都无心恋战似的,这很不正常。我认为,今夜他们一定会来偷营劫寨,我们还是小心些为好。"

听到这些话,将军心里甚是不快,但是碍于谋士一直为自己出谋划策,他没有反对,晚上让人轮流值班,不可懈怠。一个漫长的不眠之夜就这样在平安中度过了,什么事都没有发生,将军的脸色由红变白,又由白变灰,最后铁青着脸看着谋士,一句话都没有说。

当夜,将军又提议饮酒,谋士依然出来劝阻,诚心诚意地对将军说:"古语云:'兵不厌诈。'我们还是小心些好,不如我们轮班站岗,这样将士们可以保证充足的睡眠,还能防患于未然。"

这回,将军没好气地说:"你真是过于多虑了,你要是想守夜,就自己去守

171

吧。"说完,将军就命令备上酒席,全体将士晚上来个一醉方休!

谋士还想再劝,将军却挥了挥手,让他退下去了。谋士摇摇头,带着为数不多的几个士兵去看守营寨。

半夜时分,敌军果然来了,以迅雷不及掩耳之势夺取了将军的大营,大部分将士在醉酒中丧失了性命,而谋士终因寡不敌众而战死。

将军抚着谋士的尸体悔恨交加,最后拔剑自刎。

奉承话虽然听来顺耳,却能害人;有些忠告听来虽然是让人心生不快,但却真的是在帮助你。所以,我们一定要克服自己的虚荣心,不要只听那些悦耳的"歌声",也要适时地听听那些逆耳的忠言。

人与人之间如果彼此不信任,就会顺着对方说些场面上的话,说这些话是不需要任何成本的,连脑子都不需要动。因为不管粘不粘边,差不多的好话永远让人受用,让人开心。可听多了、听久了,会让人产生错觉,以为自己真的那么好,却不知这些话对自己不仅全然无用,有时它们还会将你的"缺点"说成"优点",将"问题"说成"成绩",把你朝不好的方向引导。

而真正的朋友和亲人,会提醒你即将遇到的危险和麻烦,或者在你高歌猛进时提醒你前方的弯路和险路,他们会真心地为你出主意、想办法。有这种行为的人,是值得你珍惜的。

8.怒气可以控制

北大箴言:

> 怒气犹如下坠之物,把自己粉碎于所降落的东西之上。

当客观实际和主观愿望相抵触时,愤怒的情绪就会自觉或不自觉地产生。

俗语说："一个愤怒的人只张开嘴巴，却闭上了眼睛。"愤怒加上情绪的煽动，会燃烧得更为炽热。在盛怒之下，人会失去理智，变成伤人伤己的危险动物。愤怒会使人赔上自己的声誉、工作、朋友及所爱的人、心情的宁静、健康，甚至失去自我。

有一天，在一家高档西装店里，一位顾客拿着前一天刚买的西服，执意要退换，理由是西裤上有一处污点。由于是打折产品，公司规定不能退换，所以服务员耐心地向这位顾客做出了解释。但顾客完全不予理会，还越来越不讲理，最后还威胁说要打电话到消费者协会去举报这家店。面对如此蛮不讲理的顾客，服务员也失去了耐心，一股怒气上来，和顾客争吵了起来。

很快，争吵声便引来了周围其他人的关注，而服务员非但没有停止，怒火还越来越旺，骂出了非常难听的话，甚至指名威胁顾客。顾客也不服气，两人便开始推推搡搡，结果因为商场地面的瓷砖打滑，顾客一下摔倒在了地上，这下围观的人更多了。很快，商场经理和主管纷纷赶来维持秩序，并且当场解雇了这名服务员。

无法抑制的怒气无疑是伤害身心至深的极大威胁。然而，愤怒如同其他的情绪一样，是可以被控制住的。

想要控制住自己的怒火，你首先要把目光集中在事情身上，而不是某个人身上。当我们发怒的时候，我们往往是把火力发在了人身上，而忽视了问题本身。有时候，我们在尚未理性看待某事之前就先发怒，变得十分情绪化。所以，要尽力避免这种情况，不断提醒自己，不要偏离最初的轨道，一定要将重点转移到问题解决方案的提出上。

多年以前，美国一家石油公司的一名高级主管作出了一个错误决策，使该公司一下子损失200多万美元。当时掌管这家公司的正是大名鼎鼎的洛克

173

菲勒。坏消息传出后,公司主管人员都想方设法地避开洛克菲勒先生,唯恐他将怒气发泄到自己头上。

有一天,这家石油公司的合伙人爱德华·贝德福德走进洛克菲勒办公室时,发现这位石油帝国老板正伏在桌子上,用铅笔在一张纸上写着什么。

"哦,是你?贝德福德先生。"洛克菲勒说,"我想你已经知道我们的损失了。我考虑了很多,"洛克菲勒说,"但在叫那个人来讨论这件事之前,我做了一些笔记。"

原来,在那张纸的最上面写着"对某先生有利的因素",下面列了一长串这人的优点,其中提到他曾3次帮助公司做出正确的决定,为公司赢得的利润比这次的损失要多得多。

为此,贝德福德感叹道:"我永远忘不了洛克菲勒面对棘手问题时的冷静。以后这些年,每当我克制不住自己,想要对某人发火时,我就强迫自己坐下来,拿出纸和笔,写出某人的好处。每当我完成这个清单时,自己的火气也就消了,这使我能理智地看待问题。后来,这种做法逐渐成了我工作中的习惯。记不清多少次了,它制止了我去做愚蠢的事情——发火,那会导致我在生意场上付出惨重的代价。"

当受到别人挑衅时,你要先控制住自己的怒气,慢慢来。不妨给自己留出10分钟冷静一下,深呼吸,你的怒气就会慢慢平息下来。千万别轻易让愤怒占了上风,为了一点小事就大动干戈,这样只会让怒气把你的理智烧尽。

生气时,我们首先要记住,和睦的人际关系胜过一切。正所谓"和气生财",和睦的人际关系对我们的工作、生活、身体等都有诸多益处。发怒的时候,其实是将自己的利益得失置于和睦关系之上。只求自己舒服、自己痛快,而忘记了自己发怒也会伤害到别人,这会影响彼此之间的关系。

当然,这并不是让你委曲求全,生气时,你要直面自己内心的伤痛,平静地说出自己的感受。不要以为隐忍了怒气,事情就可以结束了,逃避并不能解决问题。当你用平静的心向对方表示自己受到的伤时,不仅可以医治自己,也是对那个伤害你的人一个提醒。可能他在今后与你的交流中，会注意方式方法，顾虑你的感受。记住，这里只是需要你说出自己的感受，并不是要你去指责对方。

"忍一时，风平浪静；退一步，海阔天空。"人们在怒火中烧时，不能意气用事，不能冲动，一定要克制住自己的怒火。当你用宽容大度的品德修养来对待事情时，别人才会发自内心地尊敬你。

9.不要有一夜暴富的幻想

北大箴言：

不择手段敛财致富的人不可能是清白的。

现今社会的一些人存在浮躁的心理，经常想着走捷径，捉摸旁门左道，想着能够在短时间内获得最大利益，实现一夜暴富。这些"为富不仁，为仁不富"的不良思潮迅速在社会上蔓延开来，"人无横财不富"的歪风渐渐战胜了正当劳动致富的理念，于是，一些人开始不择手段地谋取不义之财。

一天上午，武汉某建设银行网点门前，不明物体引发爆炸，造成过路群众多人伤亡。事件发生不久后，嫌犯王海落网，据专案组民警介绍："他的作案动机很简单，就是想抢劫运钞车。"

王海原本是一个很努力上进的人，凭借修理家电、安装空调的技能，他也赚了些钱。而且他很有耐力和毅力，特别节俭，为了攒钱，平常都不出去买好吃的东西，几个馒头、一点咸菜就可以支撑一天。

后来，王海来到武汉打工，期间待过很多城中村，在不少城中村改造、拆迁的过程中，一些村民"一夜暴富"。看到这些人的变化，王海的心理渐渐地发生了变化。他觉得自己这么努力地去工作，平日里省吃俭用，却收获甚微，因为囊中羞涩，他甚至没有给家人买过一件像样的东西，而那些村民却什么也不用做就可以过上富裕的生活。就这样，心中的不平衡越来越强烈，于是，他滋生了通过犯罪一夜暴富的念头。

对财富的追求是人们最热衷的话题之一。其实，每个人的心底都有一个"寻宝梦"，只不过许多时候，这种梦想没有受到外界的刺激。这并不是问题，关键是要做到"君子爱财，取之有道"。不过，倘若被"宝"遮住双眼，馅饼就有可能变成陷阱。

为何在现实生活中，骗子总能屡屡得逞？有人说是因为骗子太过狡猾。骗子固然可恨，但他们骗人的伎俩却不见得有多高明，只要稍加分析就不难发现，那些骗子不过是抓住了人们期望不劳而获的心理。

"当财神普卢塔斯被天帝朱辟特派遣，他步履蹒跚，行走迟缓；但是当他被阎罗普卢陶派遣时，他撒腿就跑。"哲学家培根用这个寓言来形容金钱的获得，即用善良的方法和正当的工作来获得财富，速度是很慢的；但若是因别人的死亡，比如遗产、承继的方式，财富则是骤然落在身上。若把普卢陶当作魔鬼，这个寓言也用得上。因为当财富是从魔鬼那里得到的时候（如由诈欺、压迫和其他不正当的手段而来的财富），是来得很快的。

古语有云："人若不知足，既平陇，复望蜀。"说的就是很多"有志者"往往贪心不足，吃着碗里的，望着盘里的。殊不知，这样的"野心"已经超出了自己的力量之外，会让你连既得的"陇"也失去。

致富的唯一捷径就是没有捷径。老老实实做人，踏踏实实赚钱，才是想致富者最应该做的。有发财梦不要紧，重要的是要通过努力和智慧去实现它，而不是总期待着天上能掉馅饼。"天道酬勤"，而不是"天道酬赌"，投机取巧者永远只会偷鸡不成反蚀把米。

第八课

正确的价值观是一切的基础

使一切非理性的东西服从于自己,自由地按照自己固有的规律去驾驭,这就是人的最终目的。

——费希特(德国哲学家)

1.有什么样的价值观,就会有什么样的人生

　　正确的价值观是做出一切决定的基础,决定是围绕价值以价值为根本做出的。

　　清楚地知道自己人生中最重要的价值的人,往往都能很快并正确地做出决定。就好像那些杰出人物,他们都有一套属于自己的明确的价值观。价值观就好像是茫茫大海中的一块指南针,引导你的航行方向。

　　每个人都有与别人不同的价值观,这是每个人经过深思熟虑,并在不断的选择中得到的。就如不同的人有不同的人生与命运一样,不同人的价值观也是不同的。

　　海伦是个专门报道内幕新闻的某报专栏作家,薪水很高。朋友们都羡慕她,也认为她是幸运的。但海伦从没感到过幸福,更不用说成功的喜悦了。

　　作为一名内幕新闻作家,海伦的工作就是挖别人的隐私。但海伦认为这是很不人道的,总觉得自己是在害别人、剥削别人,而事实上,她喜欢帮助别人,喜欢做善事,其"内在倾向"也是如此。

　　海伦不喜欢做这种专写内幕新闻的工作,她认为这不适合自己。在她的观念里,做这种工作是在自我伤害。这份工作做得越久,她就越会看不起自己。也许这种专栏作家的职业对别人来说是梦寐以求的,是不可多得的发挥自己能力的机会,但对海伦来说,这是一份毫无价值的工作。

如果海伦清楚地知道自己的价值观，也许她就不会如此痛苦并且挣扎了。她可能会放弃这个专栏，重新选择属于自己、适合自己的新工作，比如好人好事专栏等。

价值观就是我们人生旅途中的指南针，也是每个人判断是非黑白、对错的信念体系，它引导我们去追求自己真正想要的东西。

不同的价值观导致不同的人生，我们的一切行为与决定都是以价值观为基础的。没有价值观的人生是不健全的人生，没有价值观的人同样是不健康的人。价值观影响着我们的一切反应，主宰着我们的生活。

在电脑上执行某种程序，首先要对相关的程序进行设定，然后输入资料。这样，不管资料是多还是少，复杂还是简单，只要是与程序对应的，它都会做出处理。价值观就好比是电脑的执行系统，不同之处在于，价值观不是设定好的程序，而是融在人脑中的、决定判断是否进行的系统。

一个人的人生价值的体现取决于他的人生价值观。有什么样的价值观就会有什么样的人生。如果给自己设定的价值观是低于他人的，那么不仅你过的生活不如他人，你的能力也得不到发挥；若你的价值观高于他人，那么你的生活品质就会高于他人，你的能力也会得到更好的发挥。

人的价值观不是一成不变的，随着时间的流逝，所得到的经验会使你的价值观不断发生改变。你所要做的，就是保证每一次改变都是提高，而非降低，这样你的能力就能不断地得到提高、发挥。

"属于你的逃不掉，不是你的强求不来。"人生就是如此。所以，不是你的不要假装拥有，是你的就要勇于承认。无需羡慕别人，因为别人也在以同样的心态羡慕着你。每个人所需要的东西是不同的，有些人喜欢自主，有些人喜欢好的环境，而这些都是价值观的一部分。人的一切决定、喜好都来自于价值观这一本质，了解和接受自己的价值观是做一个诚挚的人的必经之路。

爱因斯坦曾说过："一个人的真正价值首先取决于他在干什么程度上和什么意义上的事，从此自我解放出来。"命运不是注定的，它是可以改变的，一个人命运的好坏、不同,取决于自己的价值观。

要建立正确的人生观,首先要弄清什么样的价值对你来说是最重要的,是你应该去坚持的。也就是说,找出自认为最重要、能坚信一生的价值,树立起正确的价值观,是在人生中做出正确决定的前提。

价值观是人生的指南针,但这个指南针不只是为你寻找正确方向而存在的,它的功效好坏完全取决于你自己。若使用不好这个指南针,你将面临的是黑暗、伤害、挫折、失望、沮丧,甚至掉进阴暗的世界,从此慢慢死去,永远不得翻身;若你使用得恰当,你的人生就会是一片光明,无论遇到什么困难,你都能找到解决的方法,你会以乐观的态度对待人生的一切挫折与失败。许多成功人士都是如此。

好好地深思一下你的过去,是用什么样的价值观塑造了今天的你,是否对现在满意。若不满意,你就要对自己的价值观做一番检讨,重新制定正确的价值观。

对自己的价值观有了了解,你就会明白为什么你的人生是这样的,而别人的人生又是那样的;你也会由此知道自己的价值体系,找到难以做出决定的原因,以及有时候内心挣扎的原因。

当你知道了自己的价值观后,你便会有更明确的目标与方向,做出相应的行动,不会不知所措。

马斯洛也曾说过:"音乐家作曲,画家作画,诗人写诗,如此方能心安理得。"一部机器只有在其各部分结构协调一致、相互支持,达到最佳配合状态时,方能达到最佳的动作,做出最好的效果。每个复杂体系的运作都是如此,包括人。当我们的想法和做法不一致时,我们从内心开始便会不适应,进而越来越笨拙。这种情况下,不要说达到成功,发挥自己的潜质了,恐怕连最基本的工作都做不好。

当追求的东西与内心的理念相冲突的时候,人们便会陷入内心的混乱状态,无法做出决定。只有拥有了正确的价值观、人生观,找到正确的成败标准,人们才能头脑清晰地发挥出自己的想象力,才能成功、兴奋、幸福。由此可见,发挥智商与拥有正确的价值观是分不开的。

价值观本没有好坏之分,它的体现要看你以什么样的方式来实现它。同样的价值观,实现的方法不同,得到的结果也会不同。

2.大胸怀的人有双赢观

北大箴言:

勇气和体谅之心是双赢思维不可或缺的因素,两者间的平衡才是真正成熟的标志。有了这种平衡,我们就能设身处地为对方着想,同时又能勇敢地维护自己的立场。

在很多人的观念里,竞争应该是以你死我活的结局收场。在整个过程中,明枪暗箭、尔虞我诈是很常见的;即便刚开始时是良性的和平竞争,到最激烈的时候,也有可能突发为恶性竞争,直至两败俱伤。但有一部分人的观念与此相反,他们认为竞争的双方都能够在整个过程中获利,他们的原则是:在竞争中求合作,在合作中求生存。共赢是他们追求的最高境界,而具备这种观念的人才可能成为最大的赢家。

双赢观就是在最大限度内寻求利益双收的观念,即互惠互利、利人利己。

利人利己可使双方互相学习、互相影响、共蒙其利。要想达到互利的境界,就必须具备足够的勇气及与人为善的胸襟,尤其是与损人利己者相处时,更要如此。培养这方面的修养,少不了过人的见地、积极主动的精神,并且应以安全感、人生方向、智慧与力量作为基础。我们都应该具备这样的观念,在竞争与合作中让自己活得更精神。

品格是利人利己观念的基础,以下三项品格特质尤其重要。

（1）真诚正直。

人若不能对自己诚实，就无法了解内心真正的需要，也无从得知如何才能利己。同理，对人没有诚信，就谈不上利人。因此，若缺乏诚信作为基石，"利人利己"便成了骗人的口号。

（2）成熟。

也就是勇气与体谅之心兼备而不偏废。有勇气表达自己的感情与信念，又能体谅他人的感受与想法；有勇气追求利润，也顾及他人的利益，这才是成熟的表现。许多招考、晋升与训练员工使用的心理测验，目的都在测试个人的成熟程度。

只可惜常人多以为魄力与慈悲无法并存，体谅别人就一定是弱者。事实上，人格成熟者严于律己、宽以待人，但在需要表现实力时，绝不落在损人利己者之后。

徒有勇气却缺少体谅的人，即使有足够的力量坚持己见，但他们容易无视他人的存在，难免会借助自己的地位、权势、资历或关系网，为私利而害人。然而，过分为他人着想而缺乏勇气维护自己的立场，以致牺牲自己的目标与理想也不可取。

（3）富足的心态。

很多人都会担心资源匮乏，认为世界如同一块大饼，并非人人都能得而食之。假如别人多抢走一块，自己就会吃亏。正所谓"共患难易，共富贵难"，有些人见不得别人好，甚至连至亲好友的成就也眼红，这完全是"匮乏心态"在作祟。抱持这种心态的人，甚至会希望与自己有利害关系的人小灾小难不断，疲于应付，无法安心与他竞争。他们时时不忘与人比较，认定别人的成功就是自己的失败，纵使表面上虚情假意地赞许，内心却妒恨不已，唯独占有能够使他们肯定自己。他们希望周围都是唯己命是从的人，不同的意见会被他视为叛逆、异端。

相形之下，富足的心态源自厚实的个人价值观与安全感。由于相信世间有足够的资源，人人得以分享，所以不怕与人共名声、共财势。这就开启了无限的可能性,提供了更为宽广的选择空间,有利于他充分发挥创造力。

真正的成功并非压倒别人,而是追求对各方都有利的结果。经由互相合作、互相交流,使独立难成的事得以实现,这是富足心态的自然结果。

要想潜移默化地扭转损人利己者的观念,最有效的方式莫过于让他们和利人利己者交往。此外,还可阅读发人深省的文学作品与伟人传记,或观看励志电影。当然,正本清源之道还是要向自己的生命深处探寻。

建立在利人利己观念上的人际关系,有厚实的感情账户为基础,彼此互信互赖,使得个人的聪明才智可投注于解决问题,而非浪费在猜忌设防上。这种人际关系不否认问题的存在或严重性,也不强求完全抹消各方分歧,只强调以信任、合作的态度面对问题。

然而,若合理的关系不可得,与你交手的人偏偏坚持双方不可能都是赢家,那该怎么办?

这的确是一大挑战。在任何情况下,利人利己都不是易事,更何况和自私自利的人打交道,但是问题与分歧依然要解决。这时候,制胜的关键在于扩大个人影响圈:以礼相待,真诚尊敬与欣赏对方的人格、观点;投入更多的时间与之进行沟通,多听而且认真地听,并勇于说出自己的意见;以实际行动与态度让对方相信,你由衷希望双方都是赢家。

这是人际关系的最大挑战,追求的已不止是完成谈判或交易,更要发挥感化的力量,使对手以及彼此的关系都能脱胎换骨。纵然少数人实在不容易说服,我们还可选择妥协,有时为了维持难得的情谊,不妨有所变通。当然,好聚好散也是另一种选择。

总之,无论如何,我们应该具备双赢的观念。只有在这种观念的引导下,人与人之间的关系才不至于让竞争变得生硬而不可调和。这种观念决定了我们的生存状态和个人成就,请你不要忽视它。

183

3.以热爱的态度面对工作

北大箴言：

　　工作能让你的精神健康,若你能在工作中不断思考,工作将变得无比快乐。

　　同样的一个工作岗位,为什么有些人做得春风得意,有些人却是满面愁容? 为什么那些春风得意的人总是成就卓著,而那些一天到晚满面愁容的人到最后总是一事无成?

　　影响这些结果的因素是一种叫作热爱的态度。

　　如果你不热爱你所选择的工作, 那么想要真正把它做好几乎是不可能的。如果没有全身心地投入,那么当你遇上困难的时候,你就会放弃目前的工作并转而从事其他工作。

　　这里有一个问题:假设你中1000万元的大奖,有了这笔钱,你就可以从事自己喜欢的任何工作,那么,你会选择哪种工作? 换言之,如果你拥有你所需要的足够的时间和金钱,你可以自由地选择自己喜欢的职业,不受任何限制,你最想做的是什么?

　　在这个世界上,最成功和最幸福的人是那些全心全意投入自己所热爱的工作,从而使之尽善尽美的人。

　　如果因为环境所迫,你毕业后不得不做些乏味的工作,你也要设法使工作变得充满乐趣。以这样积极的态度工作,你将得到意想不到的结果。工作可以让你从中获得经验、知识和信心。你的工作热情越高,决心越大,你的工作效率也就越高。一旦你对工作赋予足够的热情,工作就会充满乐趣,你也不会再觉得上班是一件苦差事,而别人也愿意聘用你来做喜欢的事情。

　　工作就是为了让自己获得更多的快乐！如果你把每天8小时的工作看作是在游戏,这是一件多么惬意的事啊！当你发现你把一项工作当成乐趣的时候,你就不需要再去更换工作了。而如果你觉得工作压力越来越大,工作对你而言只有紧张,毫无快乐可言,那就是一个危险的讯号。要想从根本上解决这个问题,你必须从心理上调整自己,否则,换一万次工作也是枉然。

　　如果一个人能以精益求精的态度、火热的激情,充分发挥自己的特长来对待工作,那他做什么都不会感觉到辛苦;如果一个人鄙视、厌恶自己的工作,那么,他的失败就是必然的。真挚、乐观的精神和不屈不挠的毅力是引导人们走向成功的磁石。无论你做的是什么样的工作,都要用百分百的热忱去努力。这样,你就可以从平庸卑微的状态中解脱出来,劳碌辛苦将离你而去,留下的只有激情和快乐。

　　只要心里想着快乐,使快乐成为一种心理习惯,一种心理态度,做事也会快乐, 处人也会快乐。假如你是一个电话接线员或是一个小公司的会计,因每天都做着相同的工作,处理客户的来电或统计报表而觉得生活单调无味到了极点。这时,如果你想让自己的工作变得有趣一点,可以把自己每天的工作量都记录下来, 鞭策自己一天比一天进步, 第二天的工作要胜于前一天。一段时间后,你也许会发现你的工作不再是单调枯燥,而是很有趣。因为你心理上有了竞争,每天都怀有新的希望。快乐纯粹是内在的,它不是由于客体,而是由于观念、思想和态度而产生的。

　　每一件事,每一个人,从一定的意义上说都是独特的,只要愿意,这一切都是无穷无尽的快乐的源泉。只要你用快乐的心情去感受,你就能感到工作的快乐。

　　学会从工作中获得乐趣,那将是你人生成功的一大秘诀。心中充满快乐时,自然能感受到工作的乐趣,终日乐此不疲,你离成功自然就越来越近了。

4.善用口才,更要慎用口才

北大箴言:

口才是充分展示一个人思想修养、道德素质、业务能力和工作作风的最直接、最有效的窗口。透过这个窗口,他人可对你进行全面、深入的认识和了解,你也可因此取得他人的信任,从而把握住难得的一展才华的机会。

古往今来,不知有多少人凭着良好的口才,改变了自己平凡的命运。

春秋战国是我国舌辩之士的"黄金时期"。纵横家们游说列国诸侯,或献合纵之计,或献连横之策,一言既出,天下大变。名流之士凭着三寸不烂之舌,得宠于君王,官至一人之下、万人之上,好不得意。

张仪凭舌辩之才当上了秦国的宰相,但最初他只不过是魏国落魄贵族的后代。

有一次,张仪到楚国游说时,跟楚国宰相一起饮酒,不久,楚相丢了一块玉璧,门客们都怀疑张仪,说:"张仪贫穷,品德不好,一定是他偷去了玉璧。"于是,人们把张仪绑了起来,拷打了几百下后才释放。张仪的妻子说:"唉!假如你不读书游说,怎会受到这样的侮辱?"张仪却对妻子说:"你看看我的舌头还在吗?"妻子忍俊不禁,说:"舌头还在。"张仪说:"这就够了!"后来,张仪果然凭着自己的辩才雪了耻,还取得了秦国的宰相之位。

与张仪同时代的苏秦,最初以连横的理论游说秦王,结果遭到了冷遇,最终沮丧而归。他的父母因他没出息而不认这个儿子,他的嫂子甚至不给他做饭吃,使他受尽了羞辱。逆境激发了斗志,他头悬梁、锥刺股,通宵达旦秉烛读书,终于提出了联合抗秦的合纵论;同时,他也苦练舌辩功力,终于成为一个能言善辩的饱学之士。当他再次游说列国诸侯的时候,宏论阔议,倾倒六国君王,挂上了六国相印,这位足智多谋的策士获得了极大成功,其口才创造的奇迹令人惊叹。

想要从平凡变得不平凡,好的口才的确是一项不可或缺的资本。不过,发挥口才也要分场合,你的"三寸不烂之舌"并非在所有的情况下都能无往不利。

总想一吐为快、口无遮拦是很多麻烦的源头。比如某君有不可告人的隐私,在交谈时你却偏偏在无意中说到了,说者无心,听者有意,他会认为你有意跟他过不去,从此对你恨之入骨。

如果你与对方非常熟悉,绝对不能向他表明你绝不会泄密,那将会自找麻烦。唯一可行的办法,只有假装不知,若无其事。若他有阴谋诡计,你却参与其事,代为决策,帮他执行,从乐观的方面来说,你是他的心腹;而从悲观的方面来说,你是他的心腹之患。

所以,你有得意的事,就该与得意的人谈;你有失意的事,就该和失意的人谈。说话时一定要掌握好时机和火候,否则一定会碰一鼻子灰,不但达不到目的,遭冷遇、受申斥也是意料中的事。有些奸佞小人,会巧妙地利用别人在说话时机、场合上的失误,拿他人当枪使,以达到损人利己的目的。

俗话说"祸从口出",为人处世一定要把好口风,什么话能说,什么话不能说,什么话可信,什么话不可信,都要在脑子里多绕几个弯子。害人之心不可有,防人之心不可无,一旦中了小人的圈套为其利用,后悔就来不及了!

每个人都有自己的秘密,都有一些压在心里,不愿为人知的事情。同事之间,哪怕感情不错,也不要随便把你的事情、你的秘密告诉对方,这是一个不容忽视的问题。

你的秘密可能是私事,也可能与公司的事有关,如果你无意之中说给了同事,很快,这些秘密就不再是秘密了,它会成为公司上下人人皆知的事。这将对你极为不利,至少会让同事多多少少对你产生一点"疑问",进而对你的形象造成伤害。

还有,如果你倾诉秘密的对象是一个别有用心的人,他虽然不可能在公司进行传播,但在关键时刻,他会以此作为武器来回击你,使你在竞争中失败。因为一般说来,个人的秘密大多是一些不甚体面、不甚光彩甚至是有很大污点的事情。这个把柄若让人抓住,你的竞争力就会被大大地削弱。

小窦是某唱片公司的业务员,他因工作认真、勤于思考、业绩良好被公司确定为中层后备干部候选人。但后来只因他无意间透露了一个属于自己的秘密而被竞争对手利用,最终没被重用。

小窦和同事李为私交甚好,常在一起喝酒聊天。一个周末,他备了一些酒菜约了李为在宿舍里共饮。渐渐地,两人酒越喝越多,话越说越多,微醉的小窦向李为说了一件他对任何人都没有说过的事。

"我高中毕业后没考上大学,有一段时间没事干,心情特别不好。有一次和几个哥们喝了些酒,回家时看见路边停着一辆摩托车,一见四周无人,一个朋友撬开了锁,然后我就把车给开走了。后来,那朋友盗窃时被逮住,送到了派出所,供出了我,结果我被判了刑。刑满后,我四处找工作,处处没人要。没办法,经朋友介绍我才到厦门。不管怎么说,现在咱得珍惜,得给公司好好干。"

小窦在公司3年后,公司根据他的表现和业绩,把他和李为确定为业务部副经理候选人。总经理找他谈话时,他表示一定加倍努力,不辜负领导的厚望。

谁知道,没过两天,公司人事部突然宣布小窦调出业务部,另行安排工作岗位。

事后,小窦才从人事部了解到是李为从中搞的鬼。原来,在候选人名单确定后,李为便找到总经理,向总经理谈了小窦曾被判刑坐牢的事。不难想象,一个曾经犯过法的人,老板怎么会重用呢?尽管他现在表现得不错,可历史上那个污点是怎么也无法擦洗干净的。

秘密是自己的,无论如何也不能对同事讲。你不讲,保住属于自己的隐私,没有什么坏处;如果你告诉了别人,情况就不一样了,说不定什么时候别人会以此为把柄攻击你,使你有口难言。所以,只有恰到好处地把握好说话的分寸,才能在与人交往的过程中做到游刃有余,而且也不会给自己招致祸端。

除了避免引起别人记恨而招致祸端,你还要注意的是,每个人都有自己不喜欢提及的话题,如果你说话口无遮拦,难免会让对方不高兴。所以,在说话时还要讲究"忌口":敏感的话题不要碰,别人的隐私更不要打听。

在交际场上,人们常会碰到诸如讲了一句外行话,念错了一个字,搞错了一个人的名字,被人抢白了两句等情况。这种情况,对方本已十分尴尬,深怕更多的人知道,你如果是知情者,一般说来,只要这种失误无关大局,就不必大加张扬,故意搞得人人皆知,更不要抱着幸灾乐祸的态度。因为这样做完全是损人不利己,不仅伤害了对方的自尊心,为自己结下了仇敌,同时也有损于你的个人形象,人们会认为你是个刻薄饶舌的人,对你产生反感、戒心,从而敬而远之。所以,不要故意渲染他人的失误。

此外,交浅言深也是说话的一个禁忌。

面对新结识的朋友,即使你对他有一定好感,但毕竟是初交,缺乏更深切的、本质的了解,所以不宜过早与对方讲深交、讨好的话,更不要轻易为对方出主意,因为这很可能导致"出力不讨好"的结果。若对方采纳了你的注意却行不通,好友尚可不计,其他人则可能会以为你在捉弄他;即使行之有效,他也不一定会为几句话而感激你。

最后要提醒的是,即使是一个很好的话题,说时也要适可而止,不可拖得太长,否则会令人疲倦。说完一个话题之后,若不能引起对方发言,或必须仍由你支撑局面,就要另找新鲜题材,如此才能把对方的兴趣维持下去。

总之,口才作为现代人的一种重要能力,在社会竞争中发挥着越来越重要的作用。可以这样说,在现代社会里,培养口才,是社会发展的需要,也是你完善自我的需要。

5.世界上没有一种事比读书更让人受益

北大箴言：

> 读史使人明智，读诗使人聪慧，学习数学使人精密，物理学使人深刻，伦理学使人高尚，逻辑修辞使人善辩。

曾国藩在他写给儿子曾纪泽的信中讲道："人之气质，由于天生，本难改变，唯读书则可以变其气质。古之精相法者，并言读书可以变换骨相。欲求变换之法，须先立坚卓之志。"他认为每个人的天赋都无超常之处，事业的成功在于后天的勤学补拙，只有读书才能使人不断地完善。

一个人无法体验所有的人生经验，通过读书可以间接地了解人生，用前人的经验充实自己。前人把知识转换为文字，供后人阅读、汲取文字中的营养，使我们今天能够少走弯路，少走错路，这是我们读书的第一大好处。我们可以从书本上学会选择自己的人生，看清楚人生的道路。

书读多了，气质就会在不经意间体现出来。正所谓"腹有诗书气自华"，读书能使人心胸开阔、气度高雅、形象清俊、品格升华，能极大地提高人的社会形象和人生价值。

一个人要想成功，他的知识面非常重要。只有不断地读书，才能让我们在面对生活和工作时，有足够的知识储备供我们随意提取，不仅可以助事业百尺竿头更进一步，还可以交到更多的朋友，积累丰富的人脉。

有一位张董事长，他在年轻时代从事汽车代理业务，积累了1个亿的财富。后来改行做大型百货超市，财富不断翻番，60多岁时，资产已近60亿元人民币。

当别人向他请教成功秘诀时，他只是淡淡地说："赚钱其实很简单。我的秘诀就是多读书,不断补充知识,学习、学习、再学习。我的办公桌上,永远都会有几本书供我翻阅。"

有一次,他同一家企业谈判,这家企业的总裁是位40多岁的荷兰人。他跟这个总裁聊天,聊到最后,他问道:"您到底是喜欢打高尔夫球,还是喜欢游泳,或者是慢跑?还是有其他的嗜好,比如美术?"

荷兰人说:"所有的成功者都是阅读者,所有的领导者都是阅读者,因此,我最喜欢的当然是阅读。"

一讲到阅读,张董事长立马兴奋了起来,因为他本人也非常喜欢读书。他接着问这个荷兰总裁:"那你最喜欢读哪一方面的书籍?"荷兰的总裁说:"我最喜欢研究中国的哲学。"张董事长又问道:"你最喜欢读谁的书籍?"他说:"我最喜欢读老子的。"张董事长问:"你喜欢读老子的什么书?"对方说是《道德经》。

恰巧张董事长对老子有30年的研究,对老子的整个哲学理念有非常透彻的理解,于是双方谈得越来越投机。荷兰总裁对张董事长非常佩服,甚至要拜他为义父,这个合约自然也签下来了。

成功者懂得利用各种机会来阅读,获得能够帮助自己更快实现目标的想法和洞察力。因为他们深深地懂得,如果能在某一时刻运用到某一关键知识,所产生的结果必定非同一般,这些知识将为他们节约大量的金钱和时间。

"好书悟后三更月,良友来时四座春。"捧一本好书,品一杯香茗,曾是很多人生活中的享受。然而,近年来,随着生活节奏加快、工作压力加大以及网络等新兴媒体的崛起,曾经那个渴望读书的时代仿佛一去不复返了。参加工作、结婚、生活似乎成了多数人的主旋律,他们有时间逛街购物,有时间上网,有时间追电视剧,却唯独没有时间读书。

但是,没有源源不断的知识动力和精神支撑,你要拿什么去面对竞争?只有多读书,你才能很容易地融入时代的潮流,跟上社会发展的节拍,才能激情洋溢地投身你的工作之中。

只有读书,你才能够不断地提升自身素质,才能具有良好的精神境界。没有阅读,就没有心灵的成长,没有人们精神的升华。阅读虽不能改变人生的长度,但它可以改变人生的宽度;阅读虽不能改变人生的物相,但它可以改变人生的气象。

一生读书,一生聪明;一生读书,一生光明。读书可以增长知识才干,培养道德品格,开启美好人生之门。古今中外,许多成功者,无不从读书来,又从读书中得到大进步。书是人生无限的宝藏,世界上没有一种事比读书更让人得益。

6.君子慎独,不做违背内心的事

北大箴言:

如果我们在一个人独处时不能像在大庭广众之下时那样尊重别人的荣誉,那我们就算不上正人君子。

从小,我们受到的教育就在我们内心埋下了善恶的标准,但其实,重要的不是我们心里有善恶,而是在我们的行为中能够遵守内心的标准,不做违反善的行为,尤其是在没有别人监督的情况下。

"慎独"这个词出自《礼记·中庸》:"君子戒慎乎其所不睹,恐惧乎其所不闻。莫见乎隐,莫显乎微,故君子慎其独也。"它的意思是说,在最隐蔽的时候最能看出一个人的品质,在最微小的地方最能显示一个人的灵魂,一个真君子,即使在没人的时候,也不会显现出一点不好的言行,而是像在人前一样。

杨震是东汉时期的名臣,一次因公出巡,途经昌邑之地,曾经受到杨震提拔的昌邑县令王密在夜深人静的时候敲开他的房门,献出十两黄金以表达自己对他的感激。杨震拒绝了王密,王密对杨震说:"半夜三更没有人知道,您就收下吧!这是我的一点心意。"杨震义正言辞地回答:"天知,地知,你知,我知,谁说没人知道!"于是,他态度坚决地把黄金退给了王密。

元代大学者许衡也有过类似经历。一日,许衡与人结伴外出,天气十分炎热,一行人口渴难耐,所以在看到一颗挂满成熟果实的梨树时,他人纷纷跑到树下摘梨解渴,只有许衡站在那里一动不动。于是就有人问许衡:"你为什么不摘梨,难道你不渴吗?"许衡回答说:"这不是我的梨,怎么可以随便乱摘呢?"大家讥笑他迂腐,哄笑着说:"世道这么乱,谁还管这棵树是谁的呢!"许衡却不以为然,他说:"世道乱,而我的心不乱,梨虽无主,可我心有主。"

君子慎独,话虽这么说,但是慎独不该只是先哲和圣贤们的追求,每个人都应该努力去践行它。无论何时何地、何种处境,我们都应时时刻刻注意自己的言行。

有些人,一旦离开了别人的眼睛,个人的私欲就会成为他至高无上的追求,在降低自己的道德标准来取悦自己的时候,他们已经在悄悄地腐败了。即使再华丽的外表,也掩不住内心的不堪。

还有些人,平时看起来中规中矩,但一遇到事情,他的本性就会暴露无遗,所有的美好形象不复存在,行为举止不再温文儒雅,言谈不再礼貌谦和,取而代之的是粗俗,毫无气质和美德可言。

著名的漫画家丰子恺先生画过一幅非常能体现"慎独"题材的漫画,画上的题词是"无人之处"。画上的那个人在有人的时候总是戴着一个面具,笑容礼貌客气,但没有人的时候,他就会摘下面具,面具下的脸狰狞可怕,令人作呕。这就是"伪君子",当面一套,背后一套,表里不一。真正的君子和此类人的区别是,真君子任何时候都是一个样,不会因为有人或没人而改变自己的言行。

慎独来自于不断的自我反省,它可以使你的内心不断地清朗透彻,可以让你的人格越发坚韧;慎独还是一面盾牌,它可以使你抵御来自方方面面的不良诱惑,使你踏实做事、坦荡为人,让整个社会更加文明有序,相处和谐。

慎独是一个人内在品质的试金石,也是人生正己修身的必修课。生活在这喧嚣的浮世中,面对鲜花、掌声和赞美,有时我们不得不高贵矜持起来。但是慎独却可以锻炼我们,警醒自己不可失了分寸,不能没了尺度,久而久之就会成为一种习惯,而慎独之人也就真正成了表里如一的君子。

7.求同存异,不强他人之难

北大箴言:

朋友间的交往要恰如其分,不强交,不苟绝,不面誉以求新,不愉悦以求合。

若想朋友之间能够长久交往,温良恭俭让的谦和之德与礼貌之举是必不可少的。不过,朋友之间如果只是一味地重视礼让,不但贬低了自己,也丧失了原则,结果恐怕会更加糟糕。

朋友之间在非原则问题上应谦和礼让、宽厚仁慈、多点糊涂,但在大是大非面前,则应保持清醒,不能一团和气。见不义不善之举应阻之正之,如力不至此,亦应做到不助之。如果明明知道有人在行不义不善之事,却因他是长辈、上司、朋友,即默而容之,这是一种很自私的趋避。有时候,立定脚跟做人的确是会冒风险的,也可能会受到暂时的委屈,不被别人理解,但是,这种公正的品德终将会赢得人们的尊敬。

有一次,唐太宗李世民与吏部尚书唐俭下棋。唐俭是个直性子的人,平时不善逢迎,又好逞强,与皇帝下棋时使出了自己的浑身解数,把唐太宗打了个落花流水。唐太宗心中大怒,想起他平时种种不敬,更是无法抑制心中的怒气,于是立即下令贬唐俭为潭州刺史。即便如此,唐太宗还觉不解恨,又找来尉迟恭,让他去唐俭家一次,听唐俭是否对自己的处理有怨言,若有,就以此定他的死罪。

尉迟恭听后,觉得太宗这种张网杀人的做法太过分,所以,当第二天太宗召问他唐俭的情况时,尉迟恭只是不肯回答,反而说:"请陛下好好考虑考虑这件事,到底该怎样处理。"唐太宗气极了,转身就走。尉迟恭见了,也只好退下。

唐太宗回去后,冷静下来自觉无理,为了挽回面子,他大开宴会,召三品官入席,自己则主宴并宣布道:"今天请大家来,是为了表彰尉迟恭的品行。由于尉迟恭的劝谏,唐俭得以免死,我也由此免了枉杀的罪名,并加我以知过即改的品德,尉迟恭自己也免去了说假话冤屈人的罪过,得到了忠直的荣誉。尉迟恭得绸缎千匹之赐。"

与朋友相处也是一样。如果是真心待人,就应该对他加以爱护,不但要帮助他渡过重重难关,还要帮助他改正种种错误。天长日久,朋友自然会了解你的为人和品格,包括你的上司和同事。

8.不必羡慕拥有巨额财富的人

北大箴言:

当一个人的财富达到了某种限度,就为个人的享受所不能及了。他可以将财富储藏起来,可以分配并赠送出去,或者因此而出名,但是于他本人,这些财富是没有实在用处的。

我们经常羡慕那些拥有巨额财富的人,认为拥有财富便能拥有一切,财富越多,身份便越高。实际上,我们只看到了他们表面的风光,却不知道他们背后有许多不为人知的痛苦。

其实,多数超级富翁都认为所拥有的财富越多,自己的烦恼也就越多。

洛克菲勒的个人资产净值约为30亿美元。当被问到需要花掉多少钱才能放松下来的时候,他做了一个简短的停顿,然后回答说:"差不多要40亿吧。"

有媒体曾统计过,亿万富豪的死亡率已经超过万分之一点五,"在最危险职业排名榜中取得了一席之地"。

许多富豪是靠勤奋发家,但这个习惯也导致他们将大量的时间放在工作和与工作有关的应酬上,休息与锻炼不够,长时间处于焦虑、紧张的状态,这些都加速了他们的"积劳成疾"。更多的富豪,则是因为经营中出现重大问题而不堪重负,承受着常人无法想象的压力,有些承受不了的甚至选择了放弃生命。

很多富豪内心世界是很孤独的,这导致在压力和挫折面前,他们不会像常人那样寻求心理帮助,而是选择独自承受,一旦超过极限就会走向极端。这正是所谓的站得越高,摔得越狠。片面地追求财富,就会成为财富的奴隶。

一位外国人去参加中国一个房地产富豪举办的婚宴时,被眼前奢华的景象惊呆了:每个桌上都摆着数瓶售价高达两三千元的法国产玛高葡萄酒,而贵宾席上更是摆着每瓶售价超过1万元的法国拉图堡葡萄酒。客人们喝拉图堡时像喝啤酒一样一饮而尽,一瓶喝光了,服务员很快又会端上另一瓶。

对于中国现在许多的富豪而言,高级葡萄酒就是"身份的象征"。一家国外葡萄酒北京分店负责人说:"中国新兴富豪、演艺人士等经常成箱购买数万元乃至数十万元的葡萄酒喝。""玛高等著名酒庄的产品平均每隔段时间就要涨价一次,来买的人太多了,价格自然飞涨并且经常断货。"因为中国需求量大,法国最高档葡萄酒的出货平均价格增长了许多。

网上有很多富二代,把他们那让人怦然心动的财富和骄奢的生活用品展示在众人面前,以为可以证明自己高人一等。其实,他们中的大多数只是除了拿财富出来炫耀之外,没有任何东西来弥补自己内心空虚的可怜虫!

古人说:"嘲笑一块钱的人,总有一天会为了一钱而哭泣。"对日常生活而言,金钱是相当重要的,如果没有足够的金钱,衣、食、住、行都会有问题。然而,金钱虽然是生活的必要条件,但却不是绝对条件。即使你拥有远超过需求以上的财富,也不须夸耀,因为这实在不是什么值得夸耀的东西。

当追逐财富成了人的一种本能,财富就成了一座围城。有的人千方百计地想进去;有的人明知这是是非之地,却又不肯出来;还有的人是想出去却出不去。在财富这座围城前,各种人把自己人性中的善与恶表现得淋漓尽致。

一位奥地利富翁放弃了自己价值300万英镑的财产,因为他意识到这些财富并不能给他带来快乐。做了这个决定后,他就开始公开出售他在欧洲的多处豪宅,并准备将全部所得捐献给慈善机构。他说:"我想要变得一无所有,真正的一无所有。金钱对我来说,往往适得其反,你希望它带来幸福,它却总是阻止幸福的到来。随着财富的增多,我越来越觉得自己成了一个财富的奴隶,一直在做自己不需要做的事情。"

人们通常把财富当作衡量一个人是否成功的标志,但是,财富与快乐其实并不成正比。有的人虽然清贫,每日粗茶淡饭,却无比幸福快乐;有些人虽然富有,锦衣玉食,却难得内心的平静。

我们追求的应是一种内心的幸福感觉,而不仅仅是追求财富。只要永葆一颗爱心,永远充满希望,用一颗平常心品味生活中的酸甜苦辣,快乐就会如空气一般,不经意间充满我们的生活。

第九课

换个角度看世界，跳出世界看自己

凡是现实(存在)的就是合理的，凡是合理(存在)的就是现实的。

——黑格尔(德国政治哲学家)

1.得与失是相辅相成的

北大箴言:

　　失去了春天的温暖,才能迎来夏天的热情;失去了秋天的硕果,才能迎来冬日的洁白;失去了青春,才能得到成熟;失去了成功,却能得到经验。

　　世人所谓的得失,大多是物质上的得失,但实际上,物质得失只是其中的一小部分。如果我们只盯着这一点,就很容易钻牛角尖,让自己活得很累。

　　当一个人失败时,他很可能会感到无奈,觉得自己失去了很多,失去了时间,失去了精力,也失去了信心。但实际上,他也得到了很多,得到了经验,得到了教训,也得到了磨励,为下一个成功奠定了基础。这些价值都是无法用简单的物质上的计量单位来衡量的,对以后也会产生很大的影响。

　　因此,我们应该学着换个角度来看得失。在某些情况下,失去本身就是一种得到,而得到也是另外一种意义上的失去。得到的越多,失去的也可能越多;而失去的越多,得到的也可能越多。因此,不要因为得到而过于欢喜,也不要因为失去而感到惋惜,因得而失,因失而得,都是常有的事情。

　　其实,失并不是什么坏事情,古语有云:祸兮福所倚,福兮祸所伏。当你失去一些东西的时候,你往往会收获另一种希望。有人甚至说,一个人若想要得到一些什么,就必须做好为此失去一些什么的准备。

　　从前有个老翁,他家的一匹马无缘无故地挣脱羁绊,不知道跑到了哪里。四周的邻居知道了这件事情后,都纷纷表示惋惜,还让老翁不要往心里去。而老翁对此却不以为然,他反而来安慰邻居:"丢了马当然是件坏事,可是谁又能保证它不会带来好的结果呢?"

　　果然，几个月后，那匹马突然自己回来了，还带回了一匹骏马。得知这个消息后，邻居们又纷纷前来祝贺，还夸老翁有远见。不过，老翁看起来却忧心忡忡，他说道："现在看来的确是一件好事情，可谁又知道这件事情会不会给我带来灾祸呢？"

　　老翁的儿子天性好武，喜欢骑马，而家里平空来了一匹骏马，着实让他高兴不已。于是，他天天骑着那匹马外出射猎。有一次，他在野外骑射时，烈马脱了缰，将他重重地摔在了地上，将腿摔断了，成了终身残疾。善良的邻居们闻讯后，又赶来安慰老翁。可是老翁却还是一惯的作风："谁知道这件事情会不会带来好的结果呢？"

　　一年过后，胡人侵犯边境，大举入塞，朝廷到处征兵，那些身强力壮的男子都被征召入伍，结果十有八九都在战场上送了性命。而老翁的儿子因为是残疾，逃过了这一劫，避免了这场生离死别的灾难。

　　这就是那句非常有名的典故：塞翁失马，焉知非福？

　　看来，很多时候，福可以转化为祸，祸也可变化成福，这种变化深不可测，谁也无法预料。故事中的老翁在得的时候没有十分高兴，而是想以后是否会面临更多危险和困境；失的时候也没有十分沮丧，而是想也许会给自己带来机会和希望。这种气魄，实在令人佩服，这种精神，值得每一个人学习。

　　犹太人有一句意味深长的谚语：如果你断了一条腿，那么你就应该感谢上帝没有折断你的两条腿；如果你断了两条腿，那么你就应该感谢上帝没有拧断你的脖子；如果你断了脖子，那也就没有什么好担忧的了。短短几句话，轻描淡写地将十分残酷的事情表述了出来，还带着一丝幽默，这种过人的胸襟实在令人敬佩。

　　是的，当你换个角度来看待得与失时，就会收获一种境界。很多时候，希望就孕育在绝望中。所以，面对生活中的不如意时，不要放弃，不要绝望，换个角度品味一下，你便能跨越得与失的界限。

夏天的一个傍晚，一位艄公正准备划船上岸，突然看见有一个人从岸边跳了下来，艄公赶快把船划过去，原来是一位年轻的少妇。艄公将她救起，看着这位年轻的女人，艄公问道："看你年纪轻轻的，到底有什么过不去的坎，以至于要自寻短见？"

少妇哭着说道："我结婚才两年，可是丈夫就遗弃了我，我把所有的希望都寄托在孩子身上，可是前几天我的孩子又病死了。你说我活着还有什么乐趣？你为什么不让我死？为什么要救我？"

艄公听完她的话，沉思了一会儿，说："那么在两年前，你是怎样过日子的？"少妇说："那时候我是一个人，自由自在，无忧无虑……"

艄公又问："那时你有丈夫和孩子吗？"

少妇回答说："没有。"

艄公说道："那么，你现在只不过是被命运之神送回到了两年前，现在你又可以自由自在、无忧无虑了，多好啊，请上岸去吧……"话音刚落，少妇恍如做了一个梦，她揉了揉眼睛，想了想，便离岸走了。从此，她没有再寻短见，而是开始了她的另一段人生。

艄公的几句话便打消了少妇自杀的念头，他所做的，只不过是从另外一个角度帮那位少妇分析了她的人生，让她看到了人生的希望和曙光。

人生在世，大部分的烦恼就是源于得失之心，多数人总是会感叹那小小的失，却不会去想那既有的得。我们应该明白：有小失才能有大得；有局部之失，才能有整体之得。失去，是一种痛苦，但又何尝不是一种幸福呢？当你用不同的眼光去看待时，它便会有不同的意义。

一个人只有看轻得失，才能够活得轻松、活得自在、活得洒脱，找到人生的坐标，找到属于自己的道路。

2.压力是必不可少的清醒剂

北大箴言：

　　诗人歌德说："大自然把人们困在黑暗之中，迫使人们永远向往光明。"既然压力人人都有,无法完全消除,那么,我们不妨利用压力来改变我们的生活,创造出一个自己想要的结果。

　　很多成年人都爱说,要是我们永远不长大,做一个单纯懵懂的孩子,不用承担来自事业、情感、家庭、社会的压力,生活一定很甜蜜、轻松,世界一定很美好!

　　其实,这样的说法是很片面的——因为压力无所不在,从一个人出生开始,压力就如影随形。即使作为一个孩子,虽然没有生计的烦恼,却也要熟悉这个新世界的冷热惊喜，也会有各种各样莫名其妙的需求及无法满足的失落。

　　等到稍大一点,孩子又会因为复杂的社会因素,与他人进行比较、竞争,形成实际的压力。

　　等到再大一点,只要孩子对生活有了较为明确的目标和要求,就必须承受一份来自环境、体系、制度的压力。但是,因为孩子天性中具备接受新鲜事物的特质,所以他们大多能很快消除压力带来的不适,进而稳重、沉着地应对挑战。

　　压力可大可小,你把它看得重,它就重;你把它看得轻,它就轻。与孩子的善于遗忘和善于学习相比,成年人由于太依赖习惯和常规,所以对压力的态度就不是那么友好!

　　然而,适当的压力对人来说,绝对是不可缺少的清醒剂。它让你不畏惧困难,懂得思考如何进入新的局面、如何打破旧的格局,甚至让你萌发自信和勇气,这些都是帮助你将来获得幸福的先决条件。

著名的凯撒从一个没落贵族荣升到罗马最高统帅,建立起庞大的帝国,其中的每个时期,他都肩负着沉重压力。也正是在压力的驱使下,他才能跨越重重险阻,最终收获成功。

凯撒19岁时,家族权威人士从集团利益出发,要求他放弃原来的婚约,与当权派人家的女儿攀亲,甚至不惜使出各种手段进行胁迫。然而,面对压顶的阻力,凯撒毫不退缩,坚持自己的主张,甘愿让个人财产和妻子的嫁妆被没收,并上演了一场出逃完婚的剧目,为自己赢得了信守诺言的美誉,这也是后来将士们愿意追随他的重要原因。

当凯撒搬开第一个巨大压力后,他又用了足足38年的时间,一步步从军营、战场走向政坛。而在这过程中,他时刻都要对抗难以计数的压力。在与压力抗衡的过程中,凯撒没有浪费时间去烦恼,而是把越来越沉重的压力变成动力,不断挖掘自己的各种优势,包括发挥他的军事才能,并用他英俊的容貌、机智的谈吐以及坚毅镇定的心志博得大家的重视,彻底扫除拦在成功面前的障碍。

美国总统华盛顿说:"一切和谐与平衡,健康与健美,成功与幸福,都是由乐观与希望的向上心理产生的。"不因压力而放弃既定的目标,这是凯撒取得辉煌成绩的原因之一。

明知道压力不可能消失,还整天妄想没有压力的生活,无疑是给自己心里添愁。遭遇压力时最聪明的做法就是赶紧跳出来,分析自己的压力来源,思考如何将它转变成有效的动力。

压力太大,容易让人一蹶不振;压力太小,则容易让人滋生惰性。适度的压力,不仅能让人保持清醒和活力,还能让人产生自我认同的心理。

拿拳击比赛来说,有经验的教练都会帮选手挑选实力差不多、刚好可以刺激选手斗志的陪练进行训练,让选手可以在每一次比试中慢慢地进步。因为有外来的刺激,选手们不会有停滞不前的困惑,也不会盲目自信,如此,他们才能通过不断克服压力,逐渐提升自己的实力。

20世纪最伟大的喜剧演员卓别林出生于演员世家,父母因感情不和而离异。当卓别林身体虚弱的母亲在一次演唱中遭到观众喝倒彩,即将失去她唯一的经济来源时,小卓别林意外地被带到台上代替母亲继续演出。没有想到的是,卓别林虽然是初次表演,却十分冷静,他故意装出和母亲一样的沙哑歌喉来演唱,最后竟意外得到了观众的认可,赢得了热烈的掌声。虽然这个压力来得很突然,但卓别林却能及时解除,这次的表演无疑是他成功的第一个信号。正如拿破仑的名言:"最困难之时,就是离成功不远之日。"从那以后,尽管生活还是无比艰难,但卓别林却意识到了自己在舞台上的魅力,他忘记了那些贫苦、抱怨,一次次认真学习表演的技巧。

1925年,卓别林完成了描写19世纪末美国发生的淘金狂潮长片《淘金记》,奠定了他在艺术界的地位。但是压力并不会因为成功的到来而却步。由于有声电影兴起,逐渐取代了传统的默片,卓别林的日子又逐渐变得非常难熬,不仅要面对事业的没落,还要承受母亲去世的悲伤,还有和妻子沸沸扬扬的离婚案,以及电影《城市之光》的停停拍拍及放映权的谈判……重重压力下,让一贯以喜剧角色出现在世人面前的卓别林仿佛苍老了20岁,一缕缕白发悄然出现在他的两鬓。

有一天,卓别林突然意识到自己的颓丧于事无补,于是,他决定放下压力,横渡大西洋展开一次欧亚之旅,既是散心,又可以趁机为新片做宣传和吸收新知。

卓别林用了很长一段时间才让自己在压力中恢复工作激情。最后,他终于重拾风采,带着《摩登时代》出现在人们前面,获得了巨大的成功。

每个人在每个时期都会碰到压力。在压力来临的时候,千万不要退缩、回避,而应该认真地接受它,找到改善的方法,如此才能把因为情绪所产生的不必要压力统统释放出来！

用勇气和智慧去正视压力，压力就会变小，事态也会渐渐朝好的方向发展，到时，成功就近在眼前了。

3.最智慧的做人之道是"助人亦助己"

北大箴言：

助人是春天满山的鲜花，是冬天御寒的皮袄；助人是一叶轻舟，跨越沙漠，助人是一眼清泉……助人能产生连锁反应，不仅能照耀别人的世界，更能照耀我们自己。

热心帮助别人，很有可能为自己带来幸运。这是因为，很多时候，帮助别人就等于帮助自己。

一天，一个贫穷的小男孩儿为了攒够学费，挨家挨户地推销商品。劳累一天的他感到非常饥饿，但是，摸遍全身，却只有一角钱，怎么办呢？经过一番思考，他决定向下一家讨口饭吃。门铃响过之后，一位美丽的年轻女子打开了房门，站在门口，面带微笑地看着小男孩儿。然而，这个小男孩儿却有点不知所措，讨口饭吃的话最后化为了乞求一口水喝。

也许是女子看出了他很饿，以及他的为难，只见她转身回屋，拿了一大杯牛奶给他。男孩儿慢慢地喝完牛奶，问道："我应该付多少钱？"这时，美丽女子笑了笑，然后摇了摇头，答道："一分钱不用付。妈妈常常教导我们，施予爱心，不应该图回报。"男孩儿说："那么，就请接受我由衷的感谢吧！"说完，男孩儿离开了这户人家。此时，他不仅感到自己浑身是劲儿，而且还看到上帝正朝着他微笑地点头，那种男子汉的豪气像山洪一样迸发了出来。

其实，就在半个小时前，小男孩儿已经做出了准备退学的决定，是这名美丽的女子改变了他的决定，也改变了他的命运。

15年后，那位美丽的女子得了一种罕见的怪病，当地的医生对此束手无策。最后，她被转到大城市医治，由专家会诊治疗，大名鼎鼎的霍华德·凯丽医生参与了医治方案的制定与手术的执行。

经过艰辛的努力，手术非常成功。当接到药费通知单的时候，她几乎不敢看，因为她确信，治病的费用将会花去她全部的积蓄。但最后，她还是鼓起勇气翻开了医药费通知单，旁边的那行小字引起了她的注意，她不禁轻声读了出来："医药费……一满杯牛奶。"

原来，这个霍华德·凯丽医生就是那个她曾经帮助过的小男孩儿。治疗期间，霍华德·凯丽无意间发现躺在床上的病人就是帮助过他的恩人，他决心竭尽所能来治好恩人的病。手术成功之后，在医药费通知单旁边，他签上了自己的名字。

从这个颇具传奇色彩的故事中，我们看到了一个生活中最朴素的道理：热心帮助别人，你才可能在需要的时候，得到别人的帮助。

青年演员米歇尔刚出道时，英俊潇洒的外貌以及演技绝佳的表演天赋，使他受到了许多人的欢迎，很快就开始出演主角。

然而，这还远远不够，他的目标是把自己刻在全国每一个人的心目中。所以，他需要有人为他包装和宣传以扩大名声，也就是说，他需要一个公关公司为他在各种报纸杂志上刊登他的照片和有关他的文章，增加他的知名度。

建立这样的公司，肯定需要花费许多钱，虽然米歇尔已经很红了，但是这笔钱对于刚出道不久的他来说并不是小数目。偶然的一次机会，他认识了莉莎。莉莎曾经在纽约最大的公共关系公司工作了好多年，她不仅熟知业务，而且也有较好的人缘。几个月前，她自己开办了一家公关公司，并希望能够打入有利可图的公共娱乐领域。然而，直到目前为止，比较出名的演员、歌手，甚至夜总会的表演者都不愿同她合作，她的公司主要靠一些小买卖和零售商店来获得收入，经营得非常吃力。

经过一番秘谈，两人一拍即合，联合干了起来。她为米歇尔提供出头露面所需要的经费，而米歇尔则是她的代理人。事后，他们的合作达到了最佳境界。英俊有才华的米歇尔常常在电视剧中出现，而莉莎则让一些较有影响的报纸和杂志把眼睛盯在他身上。随着米歇尔名气越来越大，莉莎也出名了，越来越多的知名演员开始找她洽谈业务。而米歇尔不但不用为扩大自己的知名度花大笔的钱，还使自己在业务的活动中处于有利的地位。

他们互相满足了对方的需要，也使自己的需求得到了满足——米歇尔通过莉莎获得为自己作宣传的开支；莉莎则通过歇尔作自己的代理人吸引更多的名人。

最智慧的做人之道是"助人亦助己"。每个人都渴望实现自己的人生目标，然而，在实现人生目标的过程中，你会遇到种种困难，如果你不善于借助别人的帮助开始起跳人生，不善于给需要帮助的人送去帮助，那么，想要成功则是一件非常困难的事情。

4.不要舍本逐末——努力工作是为了更好地生活

北大箴言：

爬山的时候，很多人勇往直前，就算已经汗流浃背、气喘吁吁，心中惦念的仍然是那高远的顶峰，他们只在乎脚下的路，忘了经常停下来，看看攀登途中无数的良辰美景。

在现代生活中，随着工作的压力日渐沉重，一个职场人把自己的工作看

207

得很重要本无可厚非。但是,"工作和赚钱是最重要的事"这个观点使得不少人为了工作放弃了许多享受生活的机会,成了名副其实的工作机器。他们难以与家人团聚,很少与朋友交流,外出旅游更是奢侈的向往,因此少了许多生活中应该拥有的快乐。

现代社会是一个忙碌的社会,为了事业与家庭,大家不停地奔波劳累,就像一台永不停息的机器。事业有成的人更不必说,个人休息放松的时间少之又少,像永不松懈的发条,为了自己的梦想或利益而不停地奔跑。

约翰·列侬曾经说过:"当我们正在为生活疲于奔命的时候,生活已经离我们而去。"

由过度热衷工作、赚钱引起的夫妻关系紧张、亲子关系疏远、家庭不和睦等家庭问题,反过来也会使人为了逃避家庭矛盾,而选择拼命工作来麻痹自己,期望能从工作中获得暂时的快乐,如此就会形成恶性循环。所以,法庭上最终会出现恶语相向的夫妻、残忍的被告人、见利忘义的朋友,人性中的丑恶在各种纠纷之中一览无遗,让人不免痛心。

工作不是生活的全部,有时候,一些忙碌是完全没有必要的,整天只被一些无谓的忙碌所缠绕的人,只会让自己负重累累。很多人把生活塞得满满的,但是没有一点空隙的生活,令人感到窒息。

我们的生命在奔忙中耗散,而我们的精神也在残酷的竞争中、快节奏的生活中趋于紧张,以致麻木或崩溃。其实,这样无益于更好地工作。要做的事有很多,但我们不能让自己陷入毫无头绪的忙碌中,那样毫无意义,应当学会适时地停下来。

静下心想想,自己在做什么?做这些的目的是什么?不停地奔跑又给自己带来了什么? 我们最初是为了更美好的生活而工作,如今却为了工作而疲于奔命,早忘记了我们工作的初衷,工作渐渐成了抑制我们自由的东西。

很久以前,一位猎人去拜访一位很有成就的科学家,没想到这位取得了这么多成绩的科学家正和家人在院子里享受阳光,科学家还推着女儿在荡秋千，一家人玩得不亦乐乎。

猎人很奇怪，他弄不明白为什么这样一位严谨治学的人会浪费时间在这种游戏上？在猎人的想象中，科学家的时间应该都花在实验室中。于是，猎人问科学家："你不觉得自己的时间都被浪费掉了吗？"

科学家反问猎人："你为什么不把你背上的弓扣上弦？"

猎人回答说："如果一直扣紧，弓弦就会失去弹力。"

于是，科学家回答道："我陪家人一起玩耍，一起荡秋千，理由也是一样的。"

工作是为了生活，或者说，是为了更好地生活，没有生活的工作是没有意义的。在高效率、快节奏的拼命工作之余，我们应该停下来，歇一歇，学着享受生活。就拿吃饭一事来说，在外面工作将就的快餐远远不如与家人坐下来吃上一顿家常饭菜来得舒服。快餐也许能填饱肚子，却不能保证我们的饮食健康，不能满足我们的饮食文化和饮食情感。

我们要努力工作，更要努力享受生活。只有对生活充满热爱，对工作富有激情，这样的人生才能称得上美好。所以，我们应放下无谓的忙碌，不要让工作时间挤占自己的私人生活，该工作时就工作，该休息时就休息，这样才是一个健康、完整的人生。

5.另辟蹊径，路的旁边也是路

北大箴言：

> 一句"没办法"，就似乎帮我们找到了可以不做的理由；但也正是一句"没办法"，浇灭了很多创造之花，阻碍了我们前进的步伐！是真的没办法吗？还是我们根本没有好好动脑筋想办法？

　　生活中,我们在一条路上不断地走,总觉得自己已经把路走绝了,再也不能走出一片崭新的天地,再也不会有更大的成就。殊不知,路的旁边也是路。当我们沿着那条老路一直往前走时,当然有把路走烦、走厌、走绝的时候。但如果你试着往旁边走几步,可能就会发现无数条全新的路。事实上,很多时候,我们在原本的路上走得不好,并不是因为路太狭窄,而是因为我们的眼光太狭窄了,所以,最后堵死我们的不是路,而是我们自己。

　　心就是一个人的翅膀,心有多大,舞台就有多大。如果不能打碎心中的堡垒,即使给你一片蓝天,你也找不到自由的感觉。敞开心灵的栅栏,向所有的人开放,你就能获得整个世界。所以,我们要时刻抓住生活中的变化,来改变自己的一生。

　　一条路走不顺畅,可以硬着头皮走下去,也可以放弃原路,另辟蹊径。换一种方式思维,往往能使人豁然开朗;步入新境,也能使人从"山穷水尽"中看到"峰回路转"、"柳暗花明"。

　　今天,"皮尔·卡丹"的名字已紧密地与时装业联系在一起。殊不知,当初他是经营剧院的。尽管他雄心勃勃、苦心经营,却也难逃剧院倒闭的厄运。当他发现自己对舞台服饰有独特的审美能力时,便毅然转向戏剧服饰设计,并获得了成功,他本人也成为了世界一流的服装大师。

　　由此可见,遭遇失败时,应当转换一下自己的思路:一扇窗子关闭了,另一扇窗子会开启;过去所有一切的结束,正是一个新目标的出发点;这条道路不适合我走,所以我向另外一条道路前进。

　　美国有一家大百货公司,门口的广告牌上写着:无货不备,如有缺货,愿罚10万元。

　　一个法国人很想得到这10万元,便去见经理,开口就说:"有潜水艇吗?在什么地方?"

　　经理领他到第18层,这里当真有一艘潜水艇。

　　法国人又说:"我还要看看飞船。"经理又领他到第10层,果然有一艘飞船在那里。

法国人还不肯罢休,又问道:"可有肚脐眼生在脚下面的人?"经理抓耳挠腮,无言以对。这时,旁边的一位店员应道:"我做个倒立给这位客人看看!"

今天,人们对逆向思维方式并不陌生,但到了实际工作中,特别是在一些特殊情况下,他们还是习惯于常规思维,于是,很多实际可以解决的问题被人们认为无法做到、难以解决。

"如果你讨厌一个人,那么,你就应该试着去爱他。"这是一位在社会上历练多年、积累了许多经验的人的忠告。善于改变自己的思维,不按照常理去想问题,你就会取得非同一般的成效。这就是说,换一种思维方式,就能够化解问题。只要肯动脑,垃圾也会成为黄金。

想办法才会有办法。当你真正经过一番努力奋斗后,你就会知道,所谓的"难",其实只是自己的"心灵桎梏"。只要不断努力,发掘出来的潜能就会越来越大;努力不够,你当然不会知道自己的潜能到底有多大。

事实上,只要我们用宽阔的视野、综观全局的胸怀来看待职场和商场,用灵动多变的思考方式和随机应变的智慧去分析判断问题,就没有解决不了的事情。

6.旅行会让你更明白自己,也更明白这个世界

北大箴言:

　　即使你在旅行途中只是看看山,听听水,欣赏下日升日落、高原雪山,也足以用大自然本身的力量让心灵得到休憩与释放,而这样一个过程对于内心平衡来说至关重要。

"阵阵晚风吹动着松涛,吹响这风铃声如天籁,站在这城市的寂静处,让一切喧嚣走远,只有青山藏在白云间,蝴蝶自由穿行在清涧,看那晚霞盛开在天边。"这是《旅行》中的歌词,这首歌极其抒情地诠释了现代都市人对远方美景的向往。

现代都市生活,节奏快,压力大,越来越多的都市人通过旅游来放松自己。每当周末或假日,他们纷纷走出家门,释放自己被禁锢已久的心灵,投入大自然的怀抱。的确,相同的人,相同的事,相同的路,相同的天空,待久了会心生麻木,旅行却能给人带来感观上的新鲜、心灵上的释放。

旅行会让你更明白自己,也更明白这个世界。若工作压力太大、找不到工作与生活的意义,暂时放下一切去旅行是一个很好的调整心情的办法。

方元大学毕业参加工作不到半年,就辞去了某大型报社记者的工作,在国内一边打零工一边旅行。这样的生活持续了10个月。

"在辞职之时,我并不清楚这段生活到底要持续多久、我期望从中得到什么,想清楚旅行结束之后要干吗。"方元说,"但旅行彻底调整了我的心态与情绪。在旅行接近尾声时,我曾和驴友结伴去甘南朗木寺沿河流徒步。那天,我走在弯弯绕绕的上坡路,脑袋里突然闪出一个念头:还是去做记者吧,既然你在大学里选择了学新闻、做新闻,那就还是尝试下在社会里做新闻好了。再说,当记者也不错,不用坐班,比较自由。"

随后工作的这两年里,方元遇到过不少困难与麻烦,每到这个时候,他也曾想过放弃,想要再次开始在路上的生活,但却总难以下定决心:"唔,这一切没有那么严重,我还可以坚持。"

古人说:"人不登高山,不知天之高也;不临深溪,不知地之厚也。""读万卷书"固然需要,但"行万里路"更不可少。自古以来,人们都非常推崇"行万里路",许多名人志士都是在饱览名山大川、眼界开阔之后取得了非凡的成就。

正如那句著名的广告语:"人生就像一场旅行,不必在乎目的地,在乎的是沿途的风景和看风景的心情。"川端康成在伊豆邂逅的美丽,三毛在撒哈拉找到的幸福,苏童在江南水乡触到的灵感,安妮宝贝在墨脱受到的震撼,苏东坡在石钟山的顿悟……旅行收获到的岂止是简单的风景。

一块石头,一缕空气,一片白云,一寸土地,其实,每个地方都有它独特的魅力。而旅行的意义也并非仅仅为了某处风景,为旅行而旅行,旅行可以让我们在增长知识的同时,得到心情的释放与心灵的休憩。当放下烦闷的工作与琐碎的家事,当踏出迈向旅途的脚步,轻松与愉悦就会缠绕着双腿,赐予你一股力量,推动你继续向前。

7.被嫉妒说明你优秀

北大箴言:

嫉妒之毒眼伤人最狠之时,正是那被嫉妒之人最为春风得意之时。

英国国王爱德华八世,也就是那位风流倜傥的温莎公爵,少年时代就读于英国皇室的海军军官学校。

有一天,教官发现小王子躲在学校的角落里哭泣,经再三询问,才知道小王子被几个同学轮番踢了屁股。教官请踢人屁股的学生说说理由,学生们支吾了半天,才说出了一个令教官哭笑不得的理由:他们希望将来成为皇家海军军官的时候,可以骄傲地对下属夸耀,自己曾经踢过国王的屁股。

这经典的"踢屁股"于是成了小人心态的代名词。这种心态因其可笑而不无可爱之处。

无疑，"踢人者"不会因踢人而伟大，被踢者亦不会因被踢而渺小。人们常说：你嫉妒别人，说明你无能；你被别人嫉妒，说明你卓越。对于庸人和蠢才，别人不会嫉妒也不屑于嫉妒。对某些嫉妒者最好的回答是——让他更加嫉妒。如果你有这种觉悟，就不至于被人"踢伤"。

俗话说："人言可畏。"的确如此，很多杰出的人才就断送于此，著名的演员阮玲玉就是一个典型的例子。她的成功及美貌受到了许多人的攻击，而她始终没能摆脱流言的缠绕，也没有正确地面对别人的流言和嫉妒，最终为此付出了生命的代价。

面对嫉妒者的中伤，最容易做出的也是最下策的反应就是反唇相讥。这样，你也许会因为别人的无聊而变得更加无聊，甚至有可能陷入一场旷日持久，使心智疲惫又毫无意义的纠葛。

拜伦说过："爱我的我抱以叹息，恨我的我置之一笑。"他的"这一笑"，真是洒脱极了，有味道极了。对嫉妒者的中伤，就应该潇洒地"置之一笑"。

当你确实认可了这个观念后，接下来要做的就是保持沉默，继续干你自己想干的事。沉默是蔑视那些攻击的最好表示，能给中伤者以迎头痛击。

舒婷大学毕业后进了一家公司。作为刚到单位的新人，她表现得很积极，也很努力，领导也对她的能力十分认可。但没想到的是，她这样做却招来了一些同事的嫉妒，其中有一位还是公司的老员工。她总是处处挑舒婷的毛病，从没给过舒婷好脸色，遇到一点小事就大声张扬，好像怕别人不知道舒婷做错了事情一样。渐渐地，很多同事都开始疏远舒婷。

舒婷从小家庭环境好，没有受到过什么委屈，再加上这是第一次参加工作，没有处理这方面问题的经验，所以她实在容忍不下去了，虽然不甘心离开单位是因为被一个老同事挤兑，但她最终还是辞去了工作。

培根说："一个后起之秀是招人嫉妒的，尤其要受那些贵族元老的嫉妒，因为他们之间的距离改变了。别人的上升足以造成一种错觉，使人觉得自己仿佛被降低了。"

前辈那强烈的嫉妒心，其实是有危机感的表现。你越是出色，能力越强，对他的威胁越大。面对职场上的嫉妒，你要做的就是把心态调节好，做到低调再低调，把握好分寸，表面上装傻充愣，暗地里培养能力，凡事多问他，即便是懂的、会的，也要装不会，去向他讨教，什么事都抢着替他做。只要让他感觉到你对他无法产生威胁，他就不会再在你身上找茬挑刺儿了。

鲁迅先生这样描述嫉妒的人："这种人就像很矮的人，总是瞪着不示弱的眼睛，千方百计地想把别人也拉矮，同他们穿一个号码的裤子。"嫉妒不但是一种卑下，也是一种无聊。嫉妒者应该明白：能够被嫉妒毁灭的人，其实根本不太值得嫉妒；而嫉妒无法毁灭的人，嫉妒只能使他更加拔群超绝。

对于别人的嫉妒，我们不妨冷静思考一下，风言风语是怎么引起的？是不是事实？有些逆耳的挖苦，也可能会说到自己的短处，有时比和颜悦色的批评更一针见血，击中要害，因此，要善于从冷嘲热讽中发现和汲取对自己有用的东西。

俗语说："身正不怕影子斜，脚正不怕鞋子歪。"要想摆脱被人嫉妒的苦恼，最根本的是自己的胸襟要宽，气量要大，不去斤斤计较，仍旧保持坦诚的态度与人相处，不疏远嫉妒自己的人。久而久之，别人对你的嫉妒就会随之瓦解。

记住，恶言的批评通常是变相的恭维。所以，你无须为嫉妒之人的恶言相向而苦恼，你完全可以当他是在赞美你。

一个有崇高美德的人，他的美德越多，别人对他的嫉妒就会越少。所以说，想要减少别人对你的嫉妒，唯一的途径就是：丰富和完善自己，拉大自己和嫉妒者的差距，把嫉妒者的挑剔看成是帮你找差距，变嫉妒为动力。

8.是你想要的太多,而不是拥有的不够

北大箴言:

即便是给人住所、娱乐、食物、营养与健康,人还是会觉得自己不幸,还是会不满。

一股涓涓山泉,沿着窄窄的石缝,叮咚叮咚地往下淌,也不知过了多少年,竟然在岩石上冲刷出了一个鸡蛋大小的浅坑,里面填满了黄澄澄的金砂,不增多也不减少。

有一天,一位砍柴的老汉来喝水,偶然发现了清洌泉水中闪闪发光的金砂。惊喜之下,他小心翼翼地捧走了金砂。从此,每隔十天半月,老汉就会来取一次金砂,不用说,他日子很快富裕了起来。

老汉虽对此事守口如瓶,但他的儿子还是发现了父亲的秘密,他埋怨父亲不该将这事瞒着,不然早发大财了。

儿子向父亲建议,拓宽石缝,扩大山泉,这样不就能冲来更多的金砂了吗?父亲想了想,说自己真是聪明一世,糊涂一时,怎么没想到这一点呢?

说干就干,父子俩叮叮当当,把窄窄的石缝凿宽了,山泉比原来大了几倍,接着,他们又将坑凿大、凿深。父子俩想今后可得到更多的金砂,高兴得一口气喝光了一瓶老白干,醉成了一团泥。

此后,父子俩天天跑来看,却天天失望而归,金砂不但没增多,反而从此消失得无影无踪。父子俩百思不得其解,金砂到底哪里去了呢?

老子在《道德经》中说:"祸莫大于不知足。"

知足常乐,就是对幸福的追求持一种容易满足的态度。一个人知道满足,心里就时常是快乐的、达观的,有利于身心健康;相反,贪得无厌,不知满足,

就会时时感到焦虑不安,甚至是痛苦不堪。

我们在生活中经常能看到这样一些人:他们已经拥有了很多,但还是觉得不够。就像《渔夫和金鱼》的故事里的渔婆一样,自认为智慧精明,想把已经拥有的东西变得更好更多,于是开始忧虑,开始计较和愤恨别人所拥有的东西。而到最后,生活回馈给他们的是一无所有,随之失去的还有最初的简单快乐。

古人的"布衣桑饭,可乐终生"是一种知足常乐的典范。"宁静致远,淡泊明志"中蕴含着诸葛亮知足常乐的清高雅洁;"采菊东篱下,悠然见南山"中尽显陶渊明知足常乐的悠然;曾国藩认为人生一切都"不宜圆满",以免乐极生悲,名其书房为"求阙斋",体现了知足常乐的智慧;林语堂说半玩世半认真是最好的处世方法,不忧虑过甚,也不完全无忧无虑,才是最好的生活,这流露了知足常乐的幽默。

明朝有个人叫胡九韶,他的家境很贫困,一面教书一面努力耕作,也仅仅可以维持个衣食温饱。但每天黄昏时,胡九韶都要到门口焚香,向天拜九拜,感谢上天赐给他一天的清福。妻子笑他说:"我们一天三餐都是菜粥,怎么谈得上是清福?"胡九韶说:"我首先很庆幸生在太平盛世,没有战争兵祸;又庆幸我们全家人都能有饭吃、有衣穿,不至于挨饿受冻;第三庆幸的是家里床上没有病人,监狱中没有囚犯。这不是清福是什么?"

古希腊哲学家艾皮科蒂塔说:"一个人生活上的快乐,应该来自尽可能减少对外来事物的依赖。"

罗马哲学家塞尼加也说:"如果你一直觉得不满,那么即使你拥有整个世界,也会觉得伤心。且让我们记住,即使我们拥有了整个世界,我们一天也只能吃三餐,一次也只能睡一张床。即使是一个挖水沟的工人也可如此享受,而且他们可能比洛克菲勒吃得更津津有味,睡得更安稳。"

想要快乐,就要懂得知足。托尔斯泰说:"欲望越小,人生就越幸福。"很多时候,不是快乐离我们太远,而是我们根本不知道自己和快乐之间的距离;不是快乐太难,而是我们活得还不够简单。只要解决了吃饭问题,瑞士奶牛就会闲卧在阿尔卑斯山的斜坡上,一边享受温暖的阳光,一边慢条斯理地反刍;非洲草原上的狮子只要吃饱了,就算是有羚羊从身边经过,它们也懒得抬一下眼皮。如果我们能做到像它们这样简单纯粹、容易知足,快乐又岂是难事?

人生的目标是没有止境的,能及时感受自己生活中平淡的幸福才会快乐。不过,能这么想的人似乎很少,因为我们总是无视现在的拥有,或许真的只有等到失去了,才知道它的珍贵。

9.小细节反映大修养

北大箴言:
> 小细节可以赢得大的赞许,因为小细节往往通过不经意的举动表现出来,不断地被人关注。小细节能反映大修养。

言行举止上的细节是一个人素质和修养的表现,而粗俗的言谈举止势必会引起旁人的反感和抗议,使人敬而远之。有时候,一个很小的动作或礼貌习惯都有可能影响到办事的结果。所以,在办事的过程中,一定要注意礼貌待人,才不致于因小失大。行为礼貌是必须的,它是你办事成功与否的前提之一。

史蒂夫·奥得兰先生曾在《难以描述的管理定律》一书中写过他年轻时的一个故事。

当时,他在丹佛的一家餐馆中当侍应生时,曾不慎将食物倒在一个贵妇人的裙子上。但即使过了30年，他仍然记得妇人当时的反应：她在惊讶之后迅速恢复冷静，并微笑着对史蒂夫说："没关系，这不是你的错。"他从中得出了著名的侍应生定律：一个人素质的高低并不体现在他如何对待一个著名的CEO，而在于他如何对待一个普通的侍应生。换句话说，一个人的文明素质体现于细节。

礼仪是做人行事、待人接物的规矩，不懂礼就是无礼。它不是一些简单的形式，而是道德的体现、道德的落实。一个人的道德品质如何，会通过他的行为仪表表现出来。

刘松是一家机械公司的推销员，他的业务能力很强，跟客户的互动也很好，可就是有一个开关门不太礼貌的毛病。一天，他去拜访一位很重要的客户，进门时没有太注意，随手就将门重重地关上了。

接待人员将他带领到会客室中，他心里还在想如何实施自己的推销计划，可经理的一句话却让他十分无地自容。

经理说："小王啊，你开关门那么用力，我们公司的门都要被你弄坏了，你是不是对我们公司有什么意见啊？"

对开门关门动作的轻重，可以看出一个人修养、内涵和水平来，也能反映出一个人的精神面貌，更重要的是，这会直接影响到对方对自己的印象好坏，所以要格外注意。

王小容去参加一个外企的面试，主试者是韩国人。看着前面五十几个人的队伍，她的心情有点紧张，手心里全是汗水。王小容想一定要调整好自己的情绪，于是，她深吸一口气让自己平静下来。想着书上讲韩国人都比较注重礼貌和礼仪，所以一会儿一定要表现出自己最礼貌的一面。

看到一个个应试者陆续地走进办公室，王小容突然发现了一个新的细节,那就是他们都极少敲门而入。这应该是一个突破点。一定要引起面试者对自己的注意,才能给面试者留下深刻的印象。

轮到王小容进入时,她深吸了一口气,走到办公室前轻轻地敲了三下门,只听里面说,"这个不错,竟然敲门。"王小容知道自己有了一个好的开始,所以信心更足了。

"进来。"主试者是两个文质彬彬的高个子韩国人,他们很有礼貌地站起来做了一个90度的弯腰鞠躬,用韩语口音很重的中国话说了个"你好"。王小容也回应着做了一个鞠躬并说了句"你们好",同时心里暗暗地为两位韩国人的礼法而感动。接下来,面试官问了一些问题,她从容地一一作了回答。

不出所料,最后在五十几个面试者中有14名被录取,王小容就是其中一个。

面试时注重礼仪举止会给你的形象加分,给面试官留下一个良好的印象。参加面试,还要注重以下几个小细节。

(1)一定要守时,千万别迟到。守时是职业道德的一个基本要求,在面试时迟到或是匆匆忙忙赶到都是致命的。如果你面试迟到,那么不管你有什么理由,都会被视为缺乏自我管理和约束能力,从而给面试者留下非常不好的印象。

(2)到达面试地点后,应在等候室耐心等候,并保持安静及正确的坐姿。不要四处张望,不要驻足观看其他工作人员的工作,手机坚决不要开,避免面试时造成尴尬局面。

(3)应聘者在面试前应保持头发干净、口气清新,面试前不妨先嚼一下口香糖,减少异味。在着装上应该尽量与公司文化相符合。

(4)面试时,谈话时要与考官有恰当的眼神接触,给主考官诚恳、认真的印象。不太明白主考人的问题时,应礼貌地请他重复。陈述自己的长处时,要诚实而不夸张,要视所申请职位的要求,充分表现自己有关的能力和才干。不知道怎么回答的问题,不妨坦白承认,若是不懂装懂,到时被主考人揭穿,反而会弄巧成拙。

　　礼貌待人，这个道理许多人都很清楚，也很明白，也时常这样来要求别人，可自己却不一定能完美地做到。有些人把日常生活中不文明的举止行为当作小事，而不加以注意，其实，文明举止恰恰是从一些小细节体现出来的。一些小事，反映出来的却是一个人的素质和修养。

第十课

幸福的哲学
——境由心造，幸福很简单

我手中的灯笼，使眼前黑暗的路途与我为敌。

——泰戈尔（印度诗人，哲学家）

1.快乐由自己选择

　　生活在现在这个喧嚣复杂的社会里,我们该如何选择自己的心情呢?

　　或许一位哲人所说的话可以回答这个问题:"每天早上醒来时,我都会告诉自己,今天有两种选择:好心情或是坏心情。我总是毫不犹豫地选择前者,即便有不好的事情发生,我也会坦然面对,就像太阳总会落山那样自然。"

　　是的,快乐是一种心境,它是靠自己的"心"来决定的。换句话说就是,如果你想要快乐,那你就去寻找快乐,这和你是否有钱没有任何关系;反之亦然,如果你自己选择了痛苦,那么不管外界条件怎样,你都是痛苦的。

　　快乐对于人们来说,是需要条件的吗?答案当然是否定的。千万不要以为快乐是由某些外界事物决定的,快乐不需要任何条件,只要你想快乐,没有人能够挡得住。

　　一位年轻漂亮的女子嫁给了一位军人,结婚后,她跟着丈夫来到了兵营。蜜月期还没有过完,丈夫就接到了上级的命令,要到沙漠腹地去参加军事演习。军令如山,丈夫匆匆地赶到了演习地点,留下妻子一个人孤孤单单地生活。妻子整天都待在一个像集装箱一样的小铁屋中,时常感到忧伤和寂寞。有一天,她实在忍受不了,便给父母写了一封信,信中向他们抱怨说想离开这个鬼地方。几天后,她收到了父亲的回信,信的内容很简单,只有三句话:"你抱怨,你伤心,日子一天天地过去;你快乐,你享受,日子也是一天天地过去。你自己想想,应该选择哪一种活法?"

看完父亲的来信,她突然间好像明白了什么,同时也感到很惭愧。于是,她决定改变自己。从此以后,她完全像是换了一个人,往日的消沉与失落不复存在,有的只是灿烂的笑容和乐观的态度。她和当地的人主动交朋友,和他们一起劳作,一起话家常,还学习当地的风俗习惯,把自己彻底地融入了进去。而她的真心也换来了回报,当地人将一些舍不得卖给观光客的衣服及纺织品送给她作礼物。此外,她还走出家门去了解仙人掌,了解土拨鼠,观赏日出日落,寻找海螺壳,等等。两年之后,她提起笔写了一本书,名叫《快乐的沙漠》。

女人的生活没有改变,周围的居民也没有改变,改变的只是她的心,是她自己选择了快乐。

其实,人生本来就是一连串的选择,而在诸多的选择中,快乐是最重要的。你戴上了一副快乐的眼镜,那么眼中的世界就会绚丽多彩;而如果你选择了一副痛苦的眼镜,那么眼中的世界就是灰色黯淡的。所以,当你不快乐的时候,不要怨天尤人,只能怪自己做错了选择。

只要细心留意就会发现,快乐其实无处不在,只要你能够用心去捕捉,就一定可以得到。选择快乐,你的心情也会因此变得轻松;选择快乐,你的生活自然就会充满阳光;选择快乐,你的人生道路就会花团锦簇。

2.懂得分享,让幸福加倍

北大箴言:

是的,很多时候,人们都是在享受中才体会到生命的真谛。

歌德曾经说过:"能分享他人痛苦的,是人;能分享他人快乐的,是神。"

有人这样说："你有一个苹果，我有一个苹果，交换一下，我们还是每人一个苹果；你有一种思想，我有一种思想，交换一下，我们每人就有了两种思想。"这句话所要表达的主题就是"懂得分享"。这4个字看似十分简单，但做起来着实不易。

乐于分享，是心胸开阔、无私奉献的表现，拥有了这种开阔和无私，你的世界就会变得更大、更宽。当然，当你在分享的同时，你也会得到对方的回馈。一个懂得分享的人，他的生命就像是波涛汹涌的大海，充满活力，充满包容力。

生活中很多人不懂得分享的真正含义，有了快乐总是自己独吞，害怕别人抢走自己的胜利果实；有了痛苦也独自承担，生怕别人窥视自己的内心世界。结果，不知不觉让自己陷入了孤立的境地。

从前有一位腰缠万贯的富翁，家里有数不尽的财富，可是他对别人却十分吝啬，从来不愿意施舍穷人一些财物，就连对自己的妻子儿女也十分苛刻。因此，村里的人送给了他一个绰号：铁公鸡。此外，他从来不愿意和别人多加交谈，总认为别人是因为他的钱才接近他的。慢慢地，大家都疏远了他。等他的年龄越来越大，他才发现原来自己一直都很孤独。他想改变这种局面，但别人却离他更远了。

有一天晚上，他来到小河边想一死了之，恰巧遇到一位禅师。这位禅师问他为什么想不开，他便如实回答。禅师从他的话中听出了一些端倪，便开导他说："现在你把自己的烦恼说给了我听，是不是感觉好一些了呢？"富翁点了点头，禅师又说道："假如你能够把你的心情跟你的家人、朋友分享一下，你同样也会感到快乐。先前你之所以苦恼，就是因为你把一切都看得太紧，不愿与别人一同分享，把自己关在一个窄小的世界里。现在，只要你肯改变，你就可以找到快乐。"富翁听后，恍然大悟，他高兴地拜别禅师回到家里。从此以后，他一改以往吝啬和刻薄的作风，变得乐于分享，不管是心事还是财富。慢慢地，大家也都接受了他，他的世界变得丰富多彩了起来。

　　分享其实是一件很简单的事情,比如小时候拿给伙伴一颗糖果,这就是一种分享。当伙伴向你露出浅浅的微笑时,你能高兴上好一阵子,而此时,糖果的分量也就不是那么简单了,它仿佛变成了一座桥梁,连着两个孩子无私的心,将两人的友谊变得更加牢固、更加紧密。

　　懂得分享的人,便懂得什么是爱心和责任;懂得分享的人,便明白生活中的冷暖和风雨;懂得分享的人,便清楚高尚人格的真正意义。一个事事都不愿意与别人分享的人,会慢慢地将自己禁锢在那个只属于自己的世界里,喜怒哀乐都一个人承受。久而久之,这个人就会变得孤独,变得狭隘。

　　有一个农民从外地买回了一批优良小麦品种,种下去之后,第二年就大获丰收,农民自然喜出望外。可是高兴过后,他马上就变得忧心忡忡,原来他害怕别人偷去他的优良品种,也种出一样好的小麦。很多人听说他家的小麦丰收后,都前来询问他从哪里买到的品种,可他都想方设法地保密,唯恐别人知道,独自一人享受丰富的喜悦。

　　可是好景不长,到了第三年,他发现种下去的虽然是优良品种,但产量却和普通小麦差不多。又过了两年,他的麦子甚至连普通小麦都不如了,且虫害现象十分严重。心急如焚的他赶紧带着自家的麦种去请教一位农科专家。经过一番考察后,专家告诉他,由于良种的四周都是普通的麦田,而它们之间相互传播花粉,使良种发生了变异,久而久之,品质就会下降。农民这才后悔不已,倘若当初他和邻居一同分享优质品种,就不会有今天这个后果了。

　　分享是一种智慧,需要豁达的心胸、坦诚的态度,那些冷漠者、自私者、心胸狭窄者、利欲熏心者,永远不可能懂得什么才是真正的分享。

　　真正的分享是一种无欲无求的透明情怀。如果你的分享带有某种功利性的目的,那么这种分享便是一种交换,而你则无法体会到分享的真正内涵。此外,不要奢求分享是一种等价的交换,只有这样,才能从对方那里获得意外的惊喜。

3.精神愉悦是最好的养生之道

　　人生在世,有数不清的幸福和快乐,亦有许多忧愁和烦恼。健康与快乐为伴,而忧愁则往往会带来疾病。情绪乐观开朗,可使人体内脏功能正常运转,增强对外来病邪的抵抗能力。

　　古人的养生之道,在于宁心养神。《素向·上古天真论》记载:"怡淡虚无,真气从之,精神内守,病从安来。"这就是说,心情平静,不动杂念,疾病便无从发生。同时还指出:"内无思想之急,以舔愉为务,以自得为功,形体不敝,精神不散,亦可以百数。"这就表明,做到心情舒畅、安然自得,便能延年益寿。

　　在"人生七十古来稀"的古代,书画家却大都是长寿之人。唐初"楷书四大家"之一的欧阳询活到了85岁;以"夫子庙碑"传世的虞世南享年86岁;写"玄秘塔"的柳公权88岁。近代书法家及画家长寿者更多,如吴昌硕85岁,张大千87岁,齐白石97岁,2005年9月仙逝的启功活了90岁。

　　三国时养生学家嵇康认为,养生之道,唯重在养神。何乔潘在《心术篇》中说:"书者,抒也,散也。抒胸中之气,散心中郁也。故书家每得以无疾而寿。"唐代诗人韩愈在形容书法家张旭作书时说道:"喜怒、窘穷、忧悲、愉快、怨恨、思慕、酣醉、无聊、不平,凡有动于心,必以草书发之。"

　　当代已故的书法家潘伯鹰先生曾说过:"心中狂喜之时,写字可以使人头脑冷静下来;心中郁悒,写字可以使人忘掉忧愁。我以为延年益寿,这算妙方。"书法家苏局仙也曾说:"写字要专心致志、全神贯注,这样能起到静心养性的作用。"

鲁迅先生说得好,中国文字有三美:意美以感心、音美以感耳、形美以感目。练习书法时,观摩碑帖、揣其神韵,可以培养审美趣味和审美思想,同时能得到艺术享受,陶冶性情,静心养性。

"莫将身病为心病",这是明代思想家王阳明的名言,意思不言自明。心理负担过重,心累对身体康健毫无益处。人们常说:"肩上百斤不算重,心头四两重千斤。"可见情绪对健康的影响是极大的,"万病心中生"。

我们常常会有这样的体会,当我们处于良好的心理状态时,自己所做的事也会感到轻松不少,大大地提高体力和脑力劳动的效率;而消极的情绪,如愤怒、怨恨、焦虑、抑郁、恐惧、痛苦等,会让我们无心做事,如果强度过大或持续过久,还可能导致神经活动机能失调。

赵朴初老先生的《宽心谣》说,正因"日出东海落西山,愁也一天,喜也一天",那就应该"遇事不钻牛角尖,贫也相安、富也相安,忙也乐观、闲也乐观",方能"心宽体健养天年,不是神仙,胜似神仙"。

有一个叫贝特丽丝·伯恩斯坦的老太太,她已经70多岁了,曾两次寡居,但她仍然尽情地享受着生活——探望儿孙、读书、旅行、义务演出,过着快乐的一生。

"我已经过了生命的巅峰,但仍然享受下坡的快乐,做了快9年的寡妇,我为自己创造了一份充实且愉快的生活。我在亚利桑那州立大学一起修课的同学,在我第二任丈夫于1982年被诊断为结肠癌时,成为了我的支持团体。"

"借助青年旅行的计划,我和同龄人一起环游世界,他们和我有同样的嗜好,也需要伙伴。自退休后,我所进行的最有价值的计划,就是参加'圣约之子'为以色列'活跃退休者'所举办的为期3个月的节约活动。活动中,我在内坦亚的东正教看护中心担任祖母的角色,要照顾从18个月到3岁的小孩子。没错,有时工作很烦很累,但是能提供服务,付出爱以及得到爱,这为我带来了一种就像照顾自己亲生孩子般的快感。"

在伯恩斯坦太太76岁生日时,满屋的朋友共同举杯祝福她:"祝您活到120岁!"伯恩斯坦太太的笑绽开了额头的皱纹:"我也许刚好可以活到那么老,就剩下44岁了。"

养生贵在养心,保持愉悦的心情是养生的不二法宝。不良心境如同毒草,长期处于其中,无疑会使机体抵御疾病的能力下降,破坏自身的身心健康。

因此,无论你处于人生的顺境还是逆境,都要常做一下"健心操",学会驾驭心境,将烦闷、孤寂、依赖、内疚等统统赶走。这样,同样的事物,就会从"无可奈何花落去"变作"人闲桂花落"、"鸟鸣山更幽"。

4.青春不可透支,健康不可挥霍

北大箴言:

人在身强力壮的青少年时代所养成的不良习惯,到了晚年是会一并结总账的。年纪是不能赌气的,岁月不饶人,要注意自己年龄的增长,别以为自己永远可以做与过去同样的事。

许多年轻人经常说,年轻就是本钱,他们自认为离死亡和衰老还很远,所以肆意挥霍着青春和健康。

但是在当今社会,面对越来越激烈的社会竞争,他们的工作压力也越来越大。许多人每天除了繁忙的正常工作之外,还有没完没了的交际应酬、没完没了的加班。

好不容易下班了,许多人又无节制地"放松",用健康换"时尚",只顾在灯红酒绿、纸醉金迷中恣意挥霍着健康。午夜的酒吧、舞厅、歌厅、餐馆里到处可以看见一个个看起来似乎永远不知疲惫的身影，暴饮暴食、吸烟酗酒及通宵达旦地打牌跳舞、唱卡拉OK更是成了一些年轻人的家常便饭，因为他们认为，前5天的劳累用周末的懒觉就可以补回来。

而即使是那些早早回到家里的年轻人，也没有几个人会乖乖地按时睡觉休息。他们仍旧抱着电脑，上网冲浪、打游戏聊天，用咖啡、浓茶顶精神，长期熬夜。

杭州有个小伙子姓徐，是名不折不扣的宅男。3年前，他大学毕业后，无心工作，便开始了"宅"生活。小徐是家中独子，家庭经济条件不错，所以家里人便决定让他在家里休整一段时间再上班。没想到，他这一宅，就是3年，每天对着电脑，玩得不亦乐乎。3年里，刚开始他还会偶尔出门会会朋友，但由于他自己不上班，可以跟朋友聊的话题越来越少，渐渐地，他也就很少出门了。在家里，他只喝可乐不喝水，每天都得喝上两大瓶，吃饭更是天天叫外卖宅急送。

后来有一天，天气特别热，小徐突然觉得胸闷难当，被紧急送入了医院。医生发现，本来小伙子的心脏应该特别强壮，可是小徐的心脏却像老人一样虚弱，大面积心肌已经因为缺血梗死。尽管医生紧急进行了手术，但因为缺血时间过久，心脏肌肉还是留下了不可逆转的损伤。

俗话说："年轻时拿命换钱，老了拿钱买命。"这句话被很多人用来调侃自己的生存状态，可现实远比这残酷许多。近年来，年轻人猝死现象时有发生，不少正值风华正茂的青年突然之间便失去了生命。

年仅24岁的淘宝女店主在睡梦中猝死，"猝死"这两个字再次提醒年轻人，即使你有钱，也不见得来得及买命。

女店主是一位青春、美丽的女孩子。据了解，她本来即将步入婚礼的殿堂。她最近一面在忙着经营网店，一面忙着结婚、装修房子，同时又在减肥。她曾发微博称自己身体不舒服,却不肯停下忙碌的工作。管店、客服、进货、做模特、设计,一条龙全部自己扛上身,经常通宵熬夜。她被送到医院后,医生用了一切可能用到的办法,但依然没能挽留住这个年轻的生命。

某项调查显示:人的健康寿命,40%在于遗传和生存的环境条件,60%取决于生活方式。而目前职场人平均日工作时间为8.66小时,平均每天睡眠7.33小时,每周休闲时间为20.5小时,大部分职场人每周锻炼身体的时间甚至不到一小时。

"身体是自己的,再忙再累也要注意休息,不要再透支生命了。"一位医生说,"现在的年轻人太不把身体当回事。曾经有一位大学生在课堂突然晕倒,送到医院已经停止了呼吸。千万不要以为死亡离你很远,当你透支自己的身体时,死神可能就在你身边徘徊。"

健康永远是最重要的,而年轻人往往要等到疾病缠身时,才意识到健康对于人生的重要性,可惜这时候已经晚了。记住,如果没有健康的身体,纵使你有满身才华,抱有远大的志向,也只能空留下壮志未酬的惆怅。

哲学家培根从小体弱多病,所以他在晚年写论说文集时专门写了一篇《论养生》的文章。"人们在少壮时代,天赋的强力可以忍受许多纵欲的行为。这些行为将记在你的账上,到了老年的时候是要还的。"培根在《论养生》中首先告诫人们:"留心你的年岁的增加,不要永远想做同一件事情,因为年岁是不受蔑视的。"

所以,年轻人要自觉地建立起有利于健康的生活方式,远离不良生活习惯,保持良好的心态。不要把个人的成功与否捆绑在金钱、权力、地位上,应该寻找更多自我满足的地方,端正生活态度,积极主动地锻炼,合理安排三餐,保持身体的健康,健康快乐地赚取明天。

5.痛苦也是天使,带给我们非凡的美丽

北大箴言:

　　人们避讳痛苦就像避讳瘟疫,却忘记了痛苦也是天使,能带给我们非凡的美丽。

　　人们不喜欢或者害怕在自己身上发生悲剧, 却又常常被别人身上的悲剧,比如电视、电影里的所打动。但谁也无法避免悲剧的发生,比如我们遭遇了疾病、意外,失去了健康、财产等,这都会让我们自责、后悔、抱怨,在痛苦中纠缠不休。

　　如果木已成舟,任何挣扎和改变都是徒劳,那不如接受。

　　我们不是世界的操控者,很多事情是我们不能把握和控制的;但我们是自己情绪的操控者, 可以决定自己以什么样的心态来面对已成事实的痛苦局面。

　　无法接受痛苦的时候,痛快就像紧箍咒,越痛越紧,越紧越痛。而在幻念之中,痛苦是有形状的,它就是一张劈头盖脸撒下来的大网,越是挣扎越是痛苦。痛苦是有颜色的,是漫无边际的黑色,它的心情是抱臂冷观的幸灾乐祸。但是它惧怕你,惧怕你站起来,用那双寻找光明的眼睛直视它、面对它,当你遭受痛苦后再次站起来跟它面对面的时候,你已经粉碎了痛苦。

　　英国史学家卡莱尔,经过多年的艰辛耕耘,终于完成了《法国大革命史》的全部文稿。他将原始稿件送给了好友米尔阅读,希望米尔能够给自己提出更好的建议。可是,没过多少天,米尔就脸色苍白、浑身发抖地跑来了,他向卡莱尔报告了一个再悲惨不过的消息。原来,《法国大革命史》的原稿除了少数几张散页外,其他全被家里的女佣当作废纸,丢入了火炉里。

更让卡莱尔绝望的是,当初他每完成一章,佣人便随手撕碎了原来的笔记、草稿,没有留下任何记录。这意味着他若想继续,一切都必须从零开始。

但是,向子孙后代讲述法国大革命史的愿望渐渐驱散了他心中的绝望之云,卡莱尔重振精神,买来一大沓稿纸,决定重新搜集整理素材。在第一部的基础上,卡莱尔更加完善地完成了《法国大革命史》的文稿。

后来他说:"这一切就像我把笔记簿交给小学老师批改时,老师对我说:'不行!孩子,你一定要写得更好些!'"

很多时候,当我们犯下错误时,有的人总是陷在悔恨的误区中不能自拔。既然没有能力改变过去,既然到最后还是要承认、面对、接受,不如早一点主动去接受那些不幸,接受生活的真相。

一旦接受了,你就不会再浪费时间去抱怨诸多不公,抱怨自己命运坎坷,然后才能心境坦然地面对,也才能由此迸发出更多的正能量。

在许多人眼中,美国著名的投资大师奥尔特·巴顿是个非常聪明的投资者。然而,即便巴顿再聪明,也有犯错的时候。

几年前巴顿在一次看似十拿九稳的投资中,因为一个粗心的分析,导致数据出现偏差,损失了一大笔资金。但是巴顿却显得异常沉着,没有在错误出现的时候手忙脚乱,也没有推脱自己的责任,而是主动诚恳地向合伙人道歉,并且宣布"一定会从这次失误中汲取教训"。

之后,巴顿再次投资,因为吸取了前一次的教训,这次他获得了巨大的成功。在接受记者采访时,巴顿大声宣告:"如果能时刻反省自己的不足,那么上一次失败的经验,将会成为这一次成功的秘诀。"

换个角度看看,不幸不正是催生美好未来的力量吗?霍金、贝多芬、海伦·凯勒,他们的成功并非来自上帝的垂怜——事实上,相对于普通人,上帝他们的更少一些——而是因为他们勇于接受事实,接受生活的真相。

悲剧发生了,承认它,面对它。承认是第一步,不承认它,你就无法面对它,不面对,又如何解决它呢?用尼采的话说:"正视它之后并没有被吓瘫,用形而上的慰藉不可遏制的生存欲望和快乐。"将那些痛苦用形而上的意识转化为意志力的"运动场",当你大汗淋漓地跑完全程,克服了跌倒和疲劳,你就能获得愉快的体验。心理学家把这些轻度悲剧比作"精神补品",因为每承认一次、面对一次,人就会多一份勇气,加大精神的承受度。

6.为对手叫好,得到的会更多

北大箴言:

美德、智慧、修养,是我们处世的资本。

为对手叫好是一种美德,你付出了赞美,得到的是感激;为对手叫好是一种智慧,因为你在欣赏他们的同时,也在不断提升和完善自我;为对手叫好是一种修养,为对手赞赏的过程,也是自己矫正自私与妒忌心理,从而培养大家风范的过程。

不少人与人初次见面时很客气,与人短时间相处也能做到谦让付出,可是时间长了,就相处不好了,不愿为对方付出,甚至斤斤计较起来。成功的处世是与别人相处越久,越能显示自己对别人的友好。

与一个人相处久了,你可能会产生一种视对方为工作和生活中的竞争对手的心理,以致处处戒备和设防,对他的笑容减少了,客气话也少了,而挖苦与讽刺则变多了。这种相处模式,其实是在给自己制造麻烦,因为一旦你的生活出现变故,你曾经讽刺排挤的人,没有给过帮助的人,最容易成为幸灾乐祸、在你伤口上撒盐的人。

当我们取得成功的时候总是兴奋不已,希望有人为自己鼓掌。可是当身边人,包括你的"假想敌"、你的对手取得成功的时候,你该怎样去面对呢?是嫉妒还是欣赏?是大声叫好还是不屑一顾?尤其是平日与你相处得很紧张、很不融恰的人成功了,这时候,你为他鼓掌,将有助于化解对方对你的不满和成见,改变他对你的态度,他会觉得你慷慨地付出了自己的真诚,从此,他也会给予你支持。人都是这样,死结越拧越紧,活结虽复杂,却容易打开。

多为他人鼓掌,这种付出不需要任何成本,但它给你带来的利益却很大。

1991年11月3日夜,美国大选结果揭晓,当选为总统的克林顿在竞选总部前他的支持者们的聚会上发表了即席演说。他一开始就言辞恳切地感谢了昨天还在互相唇枪舌剑、猛烈攻击的主要政敌、现任总统布什,感谢布什从一名战士到一位总统期间为美国做出的出色服务,并呼吁布什和另一位对手佩罗及其支持者与他团结合作,在他任职的4年里,在全面振兴美国的大变革中继续忠诚地服务于祖国。

而远在异地的布什则打电话祝贺克林顿成功地完成了"强有力的竞选",他还调侃地告诫克林顿:"白宫是个累人的地方。"并保证他本人和白宫各级人士将全力以赴地与克林顿的班子合作,顺利完成交接工作。

这种客气,在某种意义上就是一种付出,一种精神上的付出。竞选的成功与失败,对于布什和克林顿这两个对手来说,欢乐与悲哀都是不言而喻的。但在现实面前,两个对手保持了高度的理智,对双方的成绩表现出了超然的风度。

亚力山大和大流士在伊萨斯展开了激烈大战,大流士失败后逃走了。一个仆人想办法逃到了大流士那里,大流士向他询问自己的母亲、妻子和孩子们是否活着,仆人回答说:"他们都还活着,而且人们对她们的殷勤礼遇跟您在位时一模一样。"

大流士听完之后又问他的妻子是否仍忠贞于他,仆人的回答仍是肯定的。

235

接着,他又问亚力山大是否曾对她强施无礼,仆人先发誓,随后说:"大王陛下,您的王后跟您离开时一样,亚力山大是最高尚的人,最能控制自己的英雄。"

大流士听完仆人这句话,双手全十,对着苍天祈祷说:"啊!宙斯大王!您掌握着人世间帝王的兴衰大事。既然您把波斯和米地亚的主权交给了我,我祈求您,如果可能,就保佑这个主权天长地久。但是如果我不能继续在亚洲称王,我祈祷您千万别把这个主权交给别人,只交给亚力山大,因为他的行为高尚无比,对敌人也不例外。"

为朋友付出容易,为陌生人付出困难,为对手付出更困难。付出既有物质上的,也有精神上的。当别人有困难的时候,你的一句鼓励就是给予;当别人成功的时候,你的几声掌声就是礼物。

想把对手变成朋友,你就要舍得为他"付出"。当对方陷入困境的时候,你要保持冷静,不能见机踹他一脚;当你成功的时候,则要克制自己不流露出得意的表情,不要在对方面前趾高气扬。做到这些就是"付出",勇敢的"付出"。

7.对吃亏心存感激

北大箴言:

人,其实是一个很有趣的平衡系统。当你的付出超过你的回报时,你一定会产生某种心理优势;反之,当你的获得超过了你付出的劳动,甚至不劳而获时,便会陷入某种心理劣势。

一言以蔽之:人没有无缘无故的得到,也没有无缘无故的失去。有时,你是用物质上的不合算换取精神上的超额快乐;也有时,看似占了金钱便宜,却在不知不觉中透支了精神的快乐。

著名"打工皇帝"唐骏在卡拉OK盛行的时候,研发了一个专门用于卡拉OK设备上的打分机,演唱者唱完一首歌后,打分机会自动打出分数,这一设备增加了卖点。三星公司以8万美元的价格买断了唐骏该项专利后,其卡拉OK设备在整个市场所占的份额一下子从百分之十几提高到了百分之三十多。三星的竞争对手日本先锋公司向三星购买专利使用权,花了150万美元。三星依靠该项专利成为大赢家,很多朋友都觉得唐骏特别亏。

但这位IT行业的风云人物在谈到早年的吃亏经历时却没有一丝遗憾,相反,他对当年的吃亏心怀感激。唐骏说:"应该感谢三星公司。如果没有三星来买这项专利,就没有我创业之初的8万美元启动资金,也许后来我的事业也不会有现在这么顺利。"唐骏还认为,这件事也教会了他如何将专利变成商品,使他从一个学者型的人变成了一个事业型的人。

都说吃亏是福,吃亏若是能换来难得的和平与安全,换来身心的健康与快乐,又有什么亏是不能吃的呢?人都有趋利的本性,你吃点儿亏,让别人得利,就能最大限度地调动别人的积极性,使你的事业兴旺发达。

国内软件行业的旗帜型人物求伯君做的第一桩买卖实在有点亏,他编写的打印驱动程序以2000元的价格卖给了四通公司后,四通公司将该程序以500元一套的价格卖了好几百套。对此,求伯君却认为,四通并没有薄待他,他在四通做了一段时间的专职软件技术员,这为他后来创立金山公司、开发WPS软件奠定了基础。更重要的是,这次买卖让他明白了经营在软件行业中的重要性。以后,他把金山公司总裁的位置让给了有经营头脑的雷军,自己专心搞软件开发,金山公司迅速腾飞,而求伯君也因此成为了IT行业的巨富。

一个人幸福与否,往往取决于他的心境如何。如果我们能用外在的东西换来了心灵上的平和,那无疑是值得的。

有人问李泽楷:"你父亲有教你一些成功赚钱的秘诀吗?"李泽楷说,他父亲没有教过他什么赚钱的方法,只教了他一些为人的道理。李嘉诚曾经跟李泽楷说,他和别人合作,假如对方拿7分合理,8分也可以,那么李家拿6分就可以了。

李嘉诚的意思是,他主动吃亏,可以让更多人愿意与他合作。想想看,虽然他只拿了6分,却因此多了100个合作人,那他现在能拿多少个6分?假如拿8分,100个人会变成5个人,结果是亏是赚可想而知。李嘉诚一生与很多人进行过或长期或短期的合作,分手的时候,他总是愿意自己少分一点钱;如果生意做得不理想,他就什么也不要,宁意吃亏。这是种风度,是种气量,也正是这种风度和气量,让大家乐于与他合作,他的事业自然也越做越大。所以,李嘉诚的成功更得力于他恰到好处的处世交友经验。

生意场上,有些人一旦决定跟合作伙伴分道扬镳,便翻脸不认人,不想吃一点亏。这种人是否聪明不敢说,但可以肯定的是,一点亏都不想吃的人,只会让自己的路越走越窄。

让步、吃亏是一种必要的投资,也是朋友交往的必要前提。为什么呢?因为一个处处抢先、占小便宜的人只会招致别人的反感,没有人愿意跟这样的人合作,如此,他的人生还有何"得"可言?

任何时候,朋友、伙伴之间的情分都不能践踏。主动吃亏,山不转路转,也许以后还有合作的机会。一个人若处处不肯吃亏,则处处必想占便宜,于是,妄想日生,骄心日盛,如此,难免会侵害别人的利益,于是便起纷争,在四面楚歌之下,又焉有不败之理?

8."糊涂"的人生有潇洒的幸福

北大箴言：

在人生中,很多事情不知道比知道好,不灵便比灵便好,不精明比精明好。这就是人们常说的"难得糊涂"。

做人不能玩世不恭、游戏人生,但也不能太较真、"认死理"。有道是"水至清则无鱼",太认真了,就会对什么都看不惯,连一个朋友都容不下,把自己同社会隔绝开。镜子很平,但在高倍放大镜下,就成了凹凸不平的"山峦";肉眼看很干净的东西,拿到显微镜下,满目都是细菌。试想,如果我们"戴"着放大镜、显微镜生活,恐怕连饭都不敢吃了;再用放大镜去看别人的毛病,恐怕那个人就罪不容诛、无可救药了。

古人常说,傻人有傻福,这是因为许多事。能够在糊涂当中享受到美好,有两个学生,一个成绩极好。一个成绩较差,两个学生共同参加高考。考得好的学生总想着考上名校,因此有巨大的精神压力,在考场当中过度紧张导致晕厥,以至于当年的高考成绩并不如意;而成绩较差的学生却因为没有更高的追求,只想着正常发挥,因此心态平和,在高考时更反而更加得心应手,因此考上了更好的学校。并且在填报志愿时,成绩较好的那名学生总是想着更好的专业,因此志愿滑档,虽然是在比较好的大学,但是却并没有更好的专业供他选择;而成绩较差的那名学生不仅考上了更好的大学,也被这所大学最好的专业录取,因此以后有更好的发挥平台,事事不必精于算计,往往能够在寻常当中有不经意的收获。

有两个患有癌症的病人,一个人耳朵灵便,从医生的谈话中听到他们还有3个月可活,于是整天郁郁寡欢,结果还没到3个月就死了。另一个人的耳朵有些背,别说偷听医生的谈话了,就是别人跟他直接说,他都听不大清。奇怪的是,两年过去了,他还好好地活着。

在美国,有两家同样大小的公司,它们的总裁一个叫罗伯特,一个叫史蒂夫。罗伯特是一位精于算计的人,凡事都比别人看得长远。因为他早就预测到了2008年美国的金融危机,所以他决定将公司解散,现在解散还能给自己和员工们留下一些生活费,不然到时肯定会负债累累。因为他分析到,在2008年,美国有30%的公司要倒闭,像他这样的小公司肯定在那30%之中。

而史蒂夫不但不是一个善于算计的人,甚至还给人一种愚笨的感觉。他憨憨地认为,未来永远是无法预测的,就算你将世界上最完美的计划放在他的面前,他也不会相信,因为未来还没有真正到来。他觉得自己的公司只要能够生存一天,他就一定要让它支撑下去。结果,他的公司竟然奇迹地挺过了这场席卷全球的金融危机。

就这样,会算计的人将公司解散了,而不会算计的人,却将公司办得比以前更红火了。

人生中,很多事,不知道比知道好,不灵便比灵便好,不精明比精明好。这就是人们常说的"难得糊涂"。其实,人生本来就是糊涂的,所有的快乐和幸福都藏在糊涂中,太过清醒,快乐和幸福反会跟着烟消云散。

春秋时,一天,楚王大宴群臣,文武大小官员、宠姬妃嫔统统出席,务要尽欢。席间奏乐歌舞、美酒佳肴,饮至黄昏,兴犹未尽。楚王命点烛继续夜宴,还特别叫最宠爱的两位美人许姬和麦姬轮流向各人敬酒。忽然一阵怪风吹来,吹熄了所有蜡烛,殿内顿时漆黑一团。这时,席上一位官员乘机摸了摸许姬的玉手,许姬一甩手,扯断了他的帽带,匆匆回座附耳对楚王说:"刚才有人乘机调戏我,我扯断了他的帽带,赶快叫人点起烛来看看谁没有帽带,就知道是谁了。"楚王听了,忙命不要点烛,并大声向各人说:"今晚,务要与诸位同醉,来,大家都把帽子摘下来痛饮。"

蜡烛点亮后,各位官员已照楚王的命令,摘下了帽子,这样也就看不出是谁的帽带断了。

席散回宫,许姬怪楚王不给她出气,楚王笑说:"此次宴会,目的在狂欢,酒后狂态,乃人之常情,若要追究,岂不是大煞风景,岂是宴会原意。"

许姬听说,方对楚王装糊涂的用意表示叹服。这就是有名的"绝缨会"。

后来楚王伐郑,有一健将独率数百人,为三军开路,斩将过关,直逼郑的首都,使楚王声威大震。这位将军后来承认,他就是当年调戏许姬的那个人。

人生路中,我们定会遇到各种各样令自己"难堪"的情境,对此,我们可以借助于"糊涂"来"忍让"一下,不过于斤斤计较,暂时"吃点小亏",作点"退却姿态"。这种"糊涂",可以让你有更多的时间去享受人生,具有"保护自己"的功能。

装糊涂在人际相处中很重要。心胸开阔些,宽容大度些,也就大事化小、小事化了了。如果与对方意见不一致,争论一阵,见不出高低,便不必再争论了。不是什么原则性的大是大非,何必非争个清楚明白呢?你知道自己的意见正确,对方同样认为自己正确,如此,你就应当装糊涂,让争论在和平的气氛中结束。

9.该你得到的欢笑和幸福,上天绝不会给你打折

北大箴言:

伟大的德国哲学家黑格尔说:"人应尊敬自己,并应自视能配得上最高尚的东西。"

虽然在现实生活中,大多数人终其一生都难以创造出惊人的成就,可是,只要能把独立乐观当作生命应尽的责任和义务,不被俗世观念击败,毫不退缩地去追求,积极释放自己的能量,就能找到自己的位置。有了坚持和执着,你才能在艰难中赢得尊敬与机会,创造出属于自己的奇迹。

生活艰难的时候,大多数人都习惯接受外力的援助,总是期盼能有上帝或者贵人降临,帮助自己快速脱离困境;即便后来开始努力补救,但心中却充满了怨恨,觉得自己是最不幸、最倒霉的人。这样的消极心态,是十分不可取的。想想更艰苦的人吧,让自己站起来的第一个动作就是擦干眼泪!

俄国作家屠格涅夫说:"自尊自爱,作为一种力求完善的动力,是一切伟大事业的渊源。"

要是一个人被偏见和嘲讽阻挠,丧失了上进的勇气,即使旁人给予再多的鼓励,也是无济于事的。

自己不努力,只等着博取别人的同情和帮助是可耻的! 施舍和援助只会让一个人加速软弱,让自己彻底变质,沦为不幸的代表,同时让隐藏的破坏更具体、更持续。不因自己的卑微而放弃尊严,该说就说,该笑就笑,该唱就唱,这种人才能勇敢地承载所有的考验,寻找扭转命运的机会!

两千五百多年前的希腊,有个谈吐不清、又矮又丑的孩子,他先是被人们当成疯子,后来又被舅舅虐待,在失去疼爱自己的母亲后,他被一个坏心眼的牧羊人卖掉,成了奴隶。这个可怜的孩子在各种苦难中成长,最后竟然逐渐能够正常说话了,而且他还特别喜欢将自己看到的、听到的各种传闻编成故事讲述出来。他善于向人们展示自己的才华,还曾依靠机智为主人排忧解难,为了奖励他的博学和聪颖,主人恢复了他的自由,实现了他周游各地的愿望。

这个不简单的人,就是著名的寓言家伊索。

每个人都无法选择自己的出生,或强或弱,或好或差,都是所谓的命运决定的。但是,我们可以改造这样的安排,运用后天的智慧,学着调整,打造出自己最满意的生活方式,将生命中一些无形的伤害降到最低。

作为一个奴隶,表面看只能被动接受命运的安排,可伊索不喜欢这样的安排,他竭力地冲击那些看起来难以破裂的壁垒。当他放弃奴隶的驯服与安静的本分,滔滔不绝地发表意见,吸引人们视线的时候,他也赢得了尊重和注视,而他未来的道路也因此被开拓了出来。

方寸之间,自有天地。面带微笑地去迎接挑战吧!当你不管输赢都能镇定执着并且乐观积极时,就连敌人也要佩服你几分。

越是辛苦的时候,越不能被环境拖累得心黑语恶,让别人难以接近。要是你在辛苦的时候还能无畏地微笑,理智就能帮你驱散这些伤害,痛苦只能败下阵来,变成一个短暂的过客,离开你的生活。

懂得激发身上积极的特质,营造自尊的微笑,这是一个改变困境的好办法!